COMPUTER SCIENCE DISTILLED

いま知っておきたいIT技術を支える基礎教養

Wladston Ferreira Filho●著者
小山裕司●監訳

本書内容に関するお問い合わせについて

このたびは翔泳社の書籍をお買い上げいただき、誠にありがとうございます。弊社では、読者の皆様からのお問い合わせに適切に対応させていただくため、以下のガイドラインへのご協力をお願い致しております。下記項目をお読みいただき、手順に従ってお問い合わせください。

●ご質問される前に

弊社Webサイトの「正誤表」をご参照ください。これまでに判明した正誤や追加情報を掲載しています。

正誤表　　https://www.shoeisha.co.jp/book/errata/

●ご質問方法

弊社Webサイトの「刊行物Q&A」をご利用ください。

刊行物Q&A　https://www.shoeisha.co.jp/book/qa/

インターネットをご利用でない場合は、FAXまたは郵便にて、下記"翔泳社 愛読者サービスセンター"までお問い合わせください。
電話でのご質問は、お受けしておりません。

●回答について

回答は、ご質問いただいた手段によってご返事申し上げます。ご質問の内容によっては、回答に数日ないしはそれ以上の期間を要する場合があります。

●ご質問に際してのご注意

本書の対象を越えるもの、記述個所を特定されないもの、また読者固有の環境に起因するご質問等にはお答えできませんので、予めご了承ください。

●郵便物送付先およびFAX番号

送付先住所　〒160-0006　東京都新宿区舟町5
FAX番号　03-5362-3818
宛先　（株）翔泳社 愛読者サービスセンター

※本書に記載されたURL等は予告なく変更される場合があります。
※本書の出版にあたっては正確な記述につとめましたが、著者や出版社などのいずれも、本書の内容に対してなんらかの保証をするものではなく、内容やサンプルに基づくいかなる運用結果に関してもいっさいの責任を負いません。
※本書に掲載されているサンプルプログラムやスクリプト、および実行結果を記した画面イメージなどは、特定の設定に基づいた環境にて再現される一例です。
※本書に記載されている会社名、製品名はそれぞれ各社の商標および登録商標です。
※本書ではTM、®、©は割愛させていただいております。

CONTENTS

はじめに

誰もがコンピュータプログラミングを学ぶべきだ。プログラミングによって我々がどのように思考しているかを学べるのだから。
— スティーブ・ジョブズ

コンピュータが未曾有の能力で社会を変革し、新しい科学、**コンピュータサイエンス**（computer science：計算機科学）が開花しました。コンピュータサイエンスは、コンピュータを問題解決にどのように活用できるかを示し、コンピュータを極限まで活用することを可能にし、素晴らしい、驚くべき成果をあげています。

現在、あらゆるところでコンピュータサイエンスを学べますが、依然としてうんざりする理論が教授されています。大多数のプログラマですらコンピュータサイエンスを一切学びません。しかし、現場で働くプログラマにはコンピュータサイエンスが不可欠です。私の仲間たちは、雇用に値する、優れたプログラマ探しに苦労しています。コンピュータの能力は無尽蔵だというのに、これを活用できる人材が枯渇しているのです。

本書は、皆さんがコンピュータを効率的に活用できるようにすることで、世の中の役に立とうとする私の試みです。本書では、コンピュータサイエンスの要点の概念を抽出し、最小限の学術的手続きを維持したまま、平易に書き著しています。願わくば、コンピュータサイエンスが皆さんの頭に残り、皆さんのプログラムを改善できることを期待します。

コンピュータでのトラブル（http://xkcd.comより）

本書の対象者

本書は何かの問題を効率的に打破したいのであれば最適だと思います。本書を読み進めるにあたってプログラミング経験はほとんど必要ありません。すでに数行のプログラムを書いたことがあり、`for`とか`while`などの基本構文を知っていれば特に問題はありません。不安であれば、オンラインのプログラミングコース[†1]でも必要なことを無料で学ぶことができます。すでにコンピュータサイエンスを学んでいる場合、本書は皆さんの知識を整理するためのガイドブックとして役に立つでしょう。

コンピュータサイエンスは学者専用？

本書には、誰もが楽しめる**計算論的思考**に関する内容と、相対する問題を計算可能なシステムへ落とし込む方法が書かれています。計算論的思考は、日常の問題にも活用できます。プリフェッチとキャッシュは荷造りの、並列処理は料理の効率を上げるでしょう。もちろん、最高に素晴らしいプログラムも出来上がるでしょう。

理力がともにあらんことを。

— Wlad

†1　http://www.codecademy.com

監訳者による「まえがき」

現代のコンピュータは50年に渡って社会の変革を続けてきました。コンピュータの性能は50年間で約3,000万倍成長したと言われています。いくらCPUの速度が上がり、メモリが増加しても、コンピュータの資源は無限ではありません。しかし、情報と人類の渇望は無限です。近年の情報爆発によって、情報の量は指数関数的に増加しています。情報の量が千倍が増加すると、千倍の資源では対処できません。

本書では、こうした問題と対処を著しています。従来の書籍は、ソートと探索のアルゴリズムとか、データ構造の実装とかをたくさんのページを使って解説していました。本書は、論理、カウント、確率等の離散数学の基礎、最適解を得るための戦略、抽象データ型のAPI等を取り扱い、またコンパクトにまとめているところが画期的だと思っています。

ところで、本書のもともとの書名は“**COMPUTER SCIENCE** DISTILLED”で、“Distilled”は直訳すれば、「蒸留」です。蒸留はもともとは液体の沸点の差を利用し、純度を高める濃縮の工程を意味します。人工知能領域でも知識濃縮の工程に「蒸留」と呼ばれるものがあります。また、第6章の参考文献にも掲載されていますが、類似の書名の書籍も存在し、概して初学者対象でコンパクトにまとめられています。邦題での類似のものは「わかる」、「できる」等でしょうか。本書は翔泳社の編集者の提案で「みんなの」にいたしました。

最近流行りのウイスキーの製造では、麦汁の発酵後、蒸留を複数回繰り返すことで、アルコール度数60%以上の蒸留酒を抽出し、これを最低でも3年以上、長いものは25年以上も樽で熟成し、個性を育てます。本書を読まれた読者はまだ蒸留後のニューポッドと呼ばれる蒸留酒に過ぎません。ここからプログラミングなどの経験を積み、熟成の工程を経て、個性と価値が生まれることを信じています。ウイスキーにはこの後ブレンドという工程がありますが、これはもう別の書籍の仕事です。

最後に、本書では、専門用語は本書から出発する後学および検索のため英語を残してあります。また、本文中の人名は片仮名にしましたが、参考文献の人名は同様に英語のままにしてあります。

小山裕司（こやま・ひろし）

CHAPTER 1

基礎

> 天文学が望遠鏡に関する学問ではないのと同様に、コンピュータサイエンスはコンピュータという機械に関する学問ではない。また、数学とコンピュータサイエンスには不可欠の結束がある。
>
> ―エドガー・ダイクストラ

コンピュータで問題を処理するには、問題をある程度かみ砕いてあげなければならず、それにはある程度の算数が必要です。しかし、特に高いレベルの知識が必要というわけではありません。優れたプログラムを書くのにも、難しい数式は滅多に必要ありません。本章は、次章以降で扱う問題を解決する際に使用するツールの紹介に相当します。本章では次のことを学びます。

💡 **解決案**（idea）をフローチャートと擬似コードに落とし、モデルを作成する。
✔ **論理**（logic）上の善し悪しを知る。
💯 **カウント**（count）する。
🎲 石橋を叩いて**確率**（probability）を見積もる。

これらは問題の解決案を計算可能なプロセスに展開するのに必須です。

1.1 解決案

手間のかかるタスクに向き合う場合、脳を叩き起こし、重要事項をすべて紙の上に書き出します。脳の作業記憶域は事実と解決案で簡単に溢れてしまいますので、すべてのことを書き出し、整理を始めます。これにはいくつかの手法がありますが、最初は手順を図示するフローチャートから学びましょう。次に、擬似コードですぐにプログラミングできるレベルで手順を下書きすることを学びます。

算数の例題のモデルを試してみましょう。

フローチャート

Wikipediaの執筆者・編集者たちは、協働手順を議論する際、フローチャートを作成し、議論の進捗に従ってそれを更新しました。おかげで提案に対する議論はとても活発になりました。

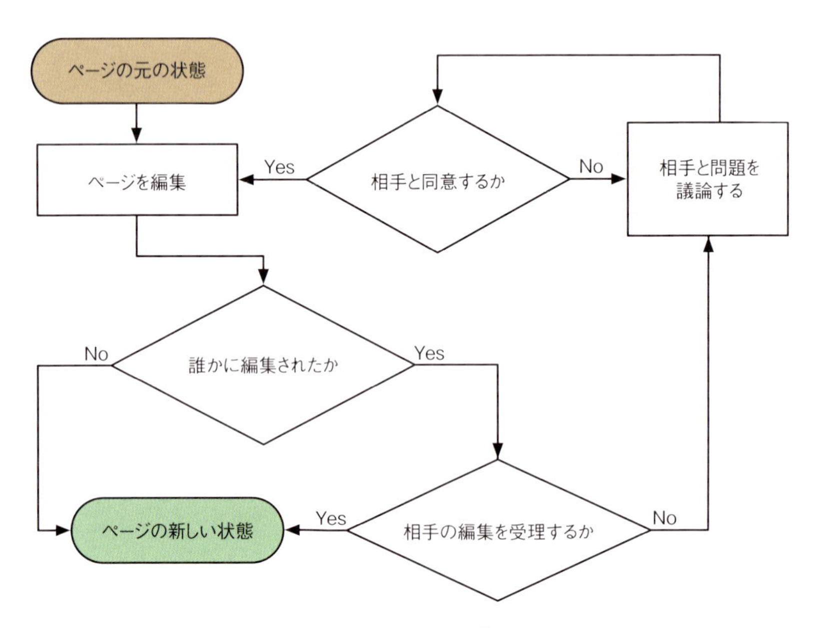

図1-1：Wikipediaの編集手順

Wikipediaの編集手順のように、コンピュータのプログラムは本質的に手順です。プログラマは、処理手順を書き表すのにフローチャートを多用します。フローチャートの作成にあたっては、可読性を高めるため、次のガイドラインに従ってください[†1]。

†1　ソフトウェアのシステム図表をどのように描くべきかを厳密に規定した、UML（https://www.omg.org/spec/UML/2.5/）と呼ばれるISO標準があります。

- 長方形の中に、状態および処理を書く。
- 手続きが枝分かれする判断の段階は菱形で書く。
- 長方形と菱形は適切に使い分けること。
- 矢印で、順次の処理を接続する。
- 手続きの開始と終了に目印を付ける。

3つの数値のうちの最大のものを探し出すのに、次のフローチャートがどのように動作するかを確認してください。

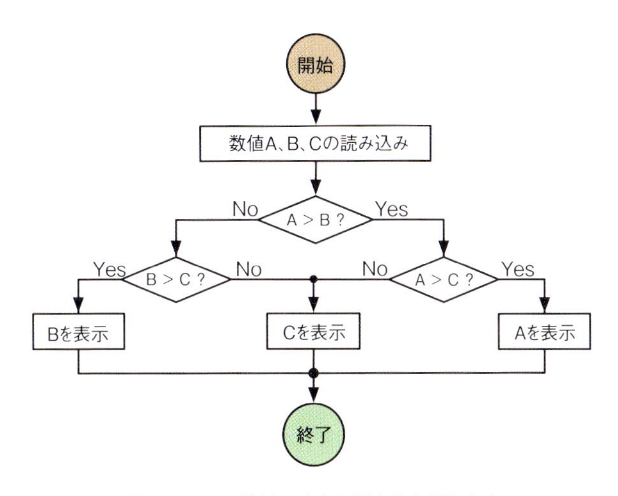

図1-2：3つの数値の中から最大値を探し出す

擬似コード

擬似コード（pseudocode）はフローチャート同様、処理手順を表現します。擬似コードは人間にとって可読性が高いのですが、このままではコンピュータは理解できません。次の例は図1-2と同じ手続きです。A、B、Cに何か数値を想定し、動作を読んでみてください[†2]。

---

†2　ここで、←は代入演算子で、x ← 1は「**xに1を設定する**」と読みます。

```
function maximum(A, B, C)
    if A > B
        if A > C
            max ← A
        else
            max ← C
    else
        if B > C
            max ← B
        else
            max ← C
    print max
```

この例では、既存のプログラミング言語の構文規則を無視していることに気が付きましたか。擬似コードには、話し言葉が混ざっていてもかまいません。頭の中の整理をフローチャートで行ったように、擬似コードでは図1-3のように皆さんの創造性を開放してください。

図1-3：実生活での擬似コード（http://ctp200.comより）

数理モデル

モデル（model）とは対象の問題と特性を表現する概念から構成され、問題を十分に理解し、操ることを可能にします。モデルの作成は非常に重要で、学校でも学んだことでしょう。高等学校の数学では、問題から数値と方程式でモデルを組み立て、解に到達するためにツールを適用するレベルだと思います。

数学的に表現されたモデルはたくさんの長所があります。数理モデルは、十分に確立された算数の技術を使い、コンピュータに順応することができます。グラフを有する数理モデルであればグラフ理論を使い、方程式を有するのであれば代数学を使います。これらのツールを生み出した**巨人の肩の上に乗れば**、うまくいきます。高等学校レベルでの例題で実際に確認してみましょう。

家畜囲い問題

ある農場には2種類の家畜がいます。100メートルの有刺鉄線があり、各家畜を隔離する長方形の家畜囲いを作ります。牧草地の面積を最大にするには、家畜囲いをどのように作ればいいでしょうか。

決定すべきものから始めます。wとlが牧草地の縦横の長さで、$w \times l$が面積です。すべての有刺鉄線を使って面積を最大にするため、wとlを100に関連付けます。

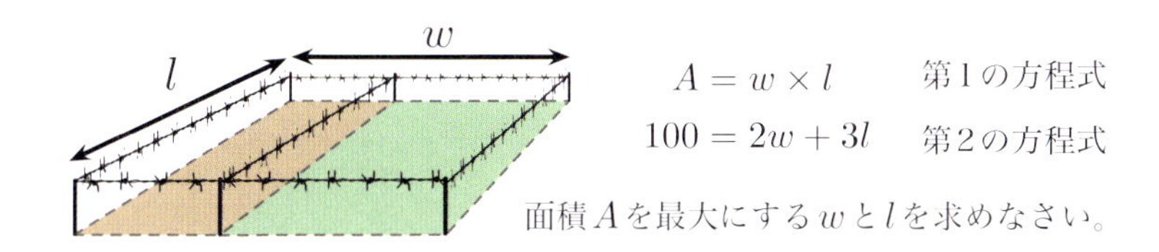

w
l
$A = w \times l$　第1の方程式
$100 = 2w + 3l$　第2の方程式
面積Aを最大にするwとlを求めなさい。

第2の方程式からの$l = \frac{100-2w}{3}$を第1の方程式に代入します。

$$A = \frac{100}{3}w - \frac{2}{3}w^2$$

これは2次方程式であり、面積Aの最大値は、高等学校レベルの**2次方程式の解の公式**で、簡単に求められます。$A = 0$を設定し、方程式を解き、最大値は2つの根の間の中間点です。料理人にとって圧力鍋の価値が高いように、コンピュータサイエンスを学ぶ者にとって2次方程式は重要です。2次方程式は時間を節約してくれるので、たくさんの問題を素早く解くのに役立ちます。私たちの仕事は問題を解決することであることを思い出してください。料理人が自身のツールを熟知しているように、私たちは私たちのツールを熟知しておくべきです。私たちには、この数理モデルが必要で、さらに次に扱う論理が必要です。

1.2 論理

プログラマは思考を乱すほど論理を**非常に多用**します。しかし、多くのプログラマは相変わらず論理に関してあやふやで、いい加減な使い方をしています。論理を学べば、問題を解決するにあたって意図的に論理を使うことができます。

図1-4：プログラマの論理（http://programmers.lifeより）

最初は、特別の演算子と代数を使って論理文で遊ぶところから始めます。次に真理値表で問題を解くことを学び、コンピュータが論理に依存していることを確認しましょう。

演算子

通常の算数では、変数と演算子（＋、×、－など）は数値問題を組み立てるために使われます。数理論理では、変数と演算子は物事の妥当性を表現します。したがって、論理式は`True`あるいは`False`の値（真理値）を表現するのであって、数値を表現するのではありません。例をあげれば、「プールが温かければ、私は泳ぐ」という表現の妥当性は次の**論理変数**（logical variable）AとBに対応付けられた2つの事象の妥当性に基づいています。

A：プールが温かい
B：私は泳ぐ

これらは`True`あるいは`False`のどちらかです[†3]。

$A=$`True`が「温かいプール」を、$B=$`False`が「泳がない」を意味します。半分だけ泳ぐことはできないので、Bを**半分だけ**`True`にすることはできません。変数間の依存関係は**条件演算子**（conditional operator）「→」で表現されます。$A \to B$は、$A=$`True`であれば$B=$`True`を意味するという命題です。

$A \to B$: プールが温かければ、私は泳ぐ

複数の演算子を使うと、各種の命題を表現できます。命題を否定するには**否定演算子**（negation operator）「`!`」を使います。「$!A$」はAの逆を意味します。

$!A$: プールは冷たい（温かくない）
$!B$: 私は泳がない

●対偶

$A \to B$で、「私は泳がない」のであれば、プールがどういう状態であると言えるでしょうか。温かいプールは泳ぐことを強制するので、泳がないのであれば、プールは温かくありません。

すべての条件式ではこうした**対偶**（contrapositive）が成り立ちます。

任意の2つの変数AとBに対し、
「$A \to B$」は「$!B \to !A$」と同じ

もう1つ、「**優れたプログラムを書けなければ、本書を読んでいない**」の対偶は「**本書を読めば、優れたプログラムを書ける**」という例をあげておきましょう。これ

---

†3　ファジー論理では、中間の値を取ることがありますが、これは本書の対象領域ではありません。

ら2つの文章は同じことを別の表現で言っています[†4]。

●双条件

「**プールが温かければ、私は泳ぐ**」と言っているのであって、これは「私は温水でしか泳がない」という意味ではありません。この文は「冷たいプール」に関しては何も保証していません。換言すれば、$A \to B$は$B \to A$を意味するものではありません。両条件を表現するには、**双条件**（biconditional）を使います。

$$A \leftrightarrow B:\quad \text{プールが温かい場合にのみ、私は泳ぐ}$$

ここでは、「温かいプール」は「私が泳ぐ」ことと等価です。「プールの状態」を知ることは「私が泳ぐかどうか」を知ることを意味し、また**逆も同様**です。再び、**逆の誤り**（inverse error）に気を付けてください。$A \to B$から$B \to A$が推定されることはありません。

●論理積、論理和、排他的論理和

これらの論理演算子は非常に有名であり、普通にプログラム中に登場します。論理積`AND`はすべての命題が`True`の表現、論理和`OR`はいずれかの命題が`True`の表現、排他的論理和`XOR`は命題のどちらかだけが`True`の表現です。ウォッカとワインが提供されるパーティを想像してください。

A：私はワインを呑みます。🍷
B：私はウォッカを呑みます。🍸
A `OR` B：私は呑みました。🍾
A `AND` B：私はちゃんぽんしました。😱
A `XOR` B：私はどちらかだけ呑みました。😨

ここまでに登場した演算子がどのように機能しているかを理解してください。次の表は2つの変数に対するすべての演算子の結果をまとめたものです。$A \to B$は

†4　ところで、これらの文章はどちらも**現**に本当ですよ。

$!A$ OR Bと等価であり、A XOR Bは$!(A \leftrightarrow B)$と等価だと気が付いたでしょうか。

表1-1：AとBの4種類の値に対する6種類の論理演算子

A	B	$!A$	$A \to B$	$A \leftrightarrow B$	A AND B	A OR B	A XOR B
✓	✓	✗	✓	✓	✓	✓	✗
✓	✗	✗	✗	✗	✗	✓	✓
✗	✓	✓	✓	✗	✗	✓	✓
✗	✗	✓	✓	✓	✗	✗	✗

ブール代数

初等代数学が数式を単純にするように、**ブール代数** (boolean algebra) †5は論理式を単純にしてくれます。

●結合則

括弧は、ANDまたはOR演算子の並び順に対して無関係です。初等代数での加算または乗算の並び順と同様に、ANDまたはORも任意の順で計算できます。

$$A \text{ AND } (B \text{ AND } C) = (A \text{ AND } B) \text{ AND } C$$
$$A \text{ OR } (B \text{ OR } C) = (A \text{ OR } B) \text{ OR } C$$

●分配則

初等代数では、$a \times (b + c) = (a \times b) + (a \times c)$のように、加算の項に対して乗算の項を展開します。同様に、論理でも、ORにANDすることは、ANDの結果にORすることと等価であり、またこの逆も同様です。

$$A \text{ AND } (B \text{ OR } C) = (A \text{ AND } B) \text{ OR } (A \text{ AND } C)$$
$$A \text{ OR } (B \text{ AND } C) = (A \text{ OR } B) \text{ AND } (A \text{ OR } C)$$

†5　ジョージ・ブールが執筆した"An Investigation of the Laws of thought: on which are founded the Mathematical Theories of Logic and Probabilities" (Walton and Mabely, 1854年) は論理と数学に関する、すべての始原といえます。

●ド・モルガンの法則[†6]

夏と（AND）冬が同時に来ることはない（NOT）ので、ある時点は夏ではない（NOT）か、あるいは冬ではない（NOT）かのどちらか（OR）です。夏ではなく（NOT）、さらに冬ではない（NOT）場合に限り（AND）、ある時点は夏あるいは（OR）冬でもありません（NOT）。この推理に従い、ANDはORに、またORはANDに変換できます。

$$!(A \text{ AND } B) = \, !A \text{ OR } !B$$
$$!A \text{ AND } !B = \, !(A \text{ OR } B)$$

これらの規則は論理モデルを変換し、特性を明らかにし、式を単純にします。次の問題を解決してみましょう。

💥サーバーの熱問題

エアコンが止まっているとき、サーバーが過熱すると、サーバーはクラッシュします。また、サーバーが過熱し、筐体の冷却器が故障しても、サーバーはクラッシュします。サーバーはどういう条件で稼働しますか。

論理変数を使って表現すれば、サーバーがクラッシュする条件を単一の式で表すことができます。

A: サーバーが過熱している。
B: エアコンが止まっている。
C: 筐体の冷却器が故障している。
D: サーバーがクラッシュする。

$$(A \text{ AND } B) \text{ OR } (A \text{ AND } C) \rightarrow D$$

分配法則を使って、式の因数分解を行います。

$$A \text{ AND } (B \text{ OR } C) \rightarrow D$$

サーバーは$!D$のとき稼働します。対偶を使います。

†6　ド・モルガンはブールと友達でした。彼は、世界最初のコンピュータが作り上げられる100年前の世界最初のプログラマとして知られる、エイダ・ラブレスの若き日の家庭教師でした。

$$!D \rightarrow !(A \text{ AND } (B \text{ OR } C))$$

ド・モルガンの法則を使って括弧を取り除きます。

$$!D \rightarrow !A \text{ OR } !(B \text{ OR } C)$$

再びド・モルガンの法則を適用します。

$$!D \rightarrow !A \text{ OR } (!B \text{ AND } !C)$$

この式は、$!A$（サーバーが過熱していない）か、あるいは$!B$ AND $!C$（エアコンおよび筐体の冷却器の両者が動作している）のいずれかであればサーバーが稼働することを示しています。

真理値表

論理モデルを解析する手段に、変数のすべての状態で何が起こるかの検査があります。**真理値表**（truth table）は、変数ごとに列（縦）を持ちます。行（横）は変数の状態を表現します。

変数はTrueあるいはFalseに設定されるので1変数あたり2行が必要です。新しい変数を追加するには行を複製します。新しい変数には、もともとの行にTrueを設定し、複製した行にはFalseを設定します（図1-5）。真理値表の大きさは変数を追加するたびに倍増するので、真理値表は数個の変数に対してだけしか作成できません[†7]。

†7　30個の変数の真理値表は10億行以上です。

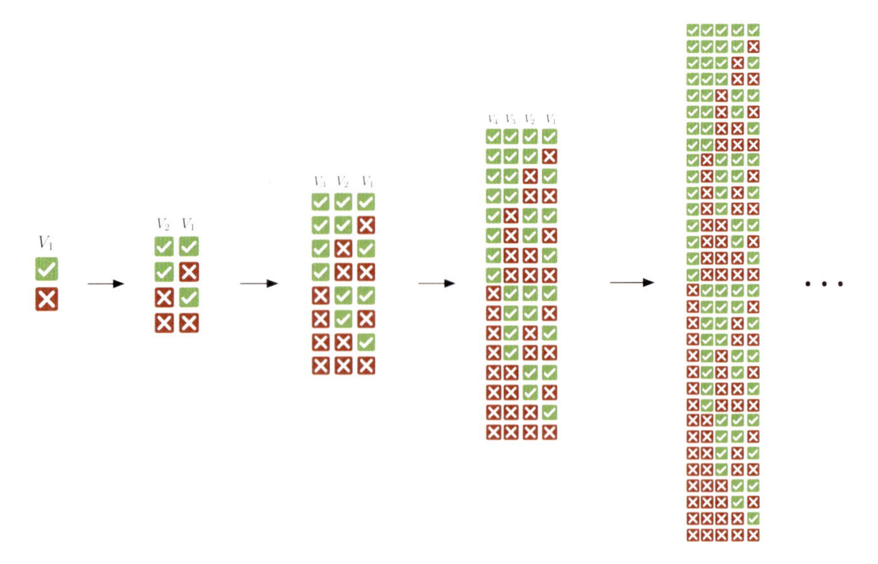

図1-5：1から5個の論理変数での真理値表

問題の解析に真理値表をどのように活用できるかを確認してみましょう。

脆弱システム問題

次の要件を満たすデータベースシステムを構築する必要があります。

I：データベースがロックされている場合、データを保存できる。
II：書き込みキュー[†8]が一杯で、データベースがロックされることはない。
III：書き込みキューが一杯か、キャッシュがロードされているか、いずれかの状態を取る。
IV：キャッシュがロードされている場合はデータベースはロックできない。

このシステムは実現可能ですか。このシステムの動作条件はどういうものですか。

最初に、各要件を論理式に変換します。このデータベースシステムは4つの変数を使って表現できます。

†8 データベースに格納する要素を一時的に置いておく場所のこと。詳細は「4.3基本の抽象表現」を参照。

A：データベースがロックされている。

B：データを保存できる。

C：書き込みキューが一杯である。

D：キャッシュがロードされている。

I：$A \rightarrow B$

II：$!(A$ AND $C)$

III：C OR D

IV：$D \rightarrow\ !A$

次に、すべての状態で真理値表を作成します。要件を確認するための列を追加しています（表1-2）。

表1-2：4つの式の妥当性を確認するための真理値表

状態番号	A	B	C	D	I	II	III	IV	4要件
1	✗	✗	✗	✗	✓	✓	✗	✓	✗
2	✗	✗	✗	✓	✓	✓	✓	✓	✓
3	✗	✗	✓	✗	✓	✓	✓	✓	✓
4	✗	✗	✓	✓	✓	✓	✓	✓	✓
5	✗	✓	✗	✗	✓	✓	✗	✓	✗
6	✗	✓	✗	✓	✓	✓	✓	✓	✓
7	✗	✓	✓	✗	✓	✓	✓	✓	✓
8	✗	✓	✓	✓	✓	✓	✓	✓	✓
9	✓	✗	✗	✗	✗	✓	✗	✓	✗
10	✓	✗	✗	✓	✗	✓	✓	✗	✗
11	✓	✗	✓	✗	✗	✗	✓	✓	✗
12	✓	✗	✓	✓	✗	✗	✓	✗	✗
13	✓	✓	✗	✗	✓	✓	✗	✓	✗
14	✓	✓	✗	✓	✓	✓	✓	✗	✗
15	✓	✓	✓	✗	✓	✗	✓	✓	✗
16	✓	✓	✓	✓	✓	✗	✓	✗	✗

すべての要件は、状態2〜4および6〜8で満たされています。

これらの状態では、常に$A =$ `False`であるため、データベースは決してロックできないことを意味しています。キャッシュは状態3および7のみロードできません。

ここで学んだことを確認するために、シマウマパズル[9]を解いてみてください。このシマウマパズルは、本当は違うのですが、アインシュタインが作成した論理問題として有名です。この問題は人類のわずか2%だけが解けると言われていますが、本当でしょうか。大きい真理値表を使い、論理文を正確かつ単純にし、結び付けることで、私は皆さんがこの問題を解決できるだろうと確信しています。

2つの可能性のうちの1つを仮定する事象を扱うとき、論理変数として表現できることを思い出してください。このように、式を導出し、単純にし、結論を出すのは容易です。論理の応用としては電子コンピュータの設計が最も印象的です。次にコンピュータの設計を見ていくことにしましょう。

コンピュータでの論理

論理変数は2進法の数値で表現できます[10]。

2進数での論理演算を組み立てて、通常の計算を実行することができます。**論理ゲート**（logic gate）は、電流に対して論理演算を実行します。論理ゲートは、非常に高速に計算を実行できる電気回路で使われています。

論理ゲートは、入力線から値を受け取り、演算を実行し、出力線に結果を出します。`AND`ゲート、`OR`ゲート、`XOR`ゲートなど、多数の論理ゲートがあります。`True`と`False`は、電圧の高低で表現されます。ゲートを使うことで、論理式が複雑であっても瞬時に計算することができます。たとえば、図1-6の電気回路は2つの数値の和を計算します。

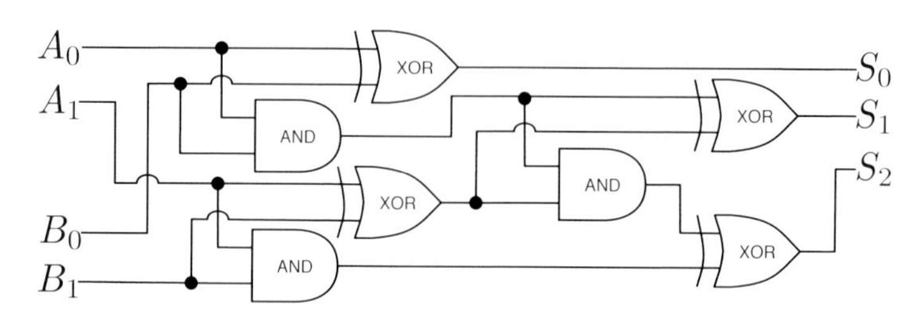

図1-6：2組の論理変数（A_1A_0およびB_1B_0）で与えられる2-bitの数値の和を3-bitの数値（$S_2S_1S_0$）に生成する回路

---

†9　http://code.energy/sdving-zebra-puzzle

†10　`True`＝1、`False`＝0。2進法での`101`が数値`5`だということが理解できないときは、附録1の「記数法」を参照してください。

この回路がどのように機能するかを見ていきましょう。回路の実行している演算を追跡し、魔法の仕組みを理解してください。

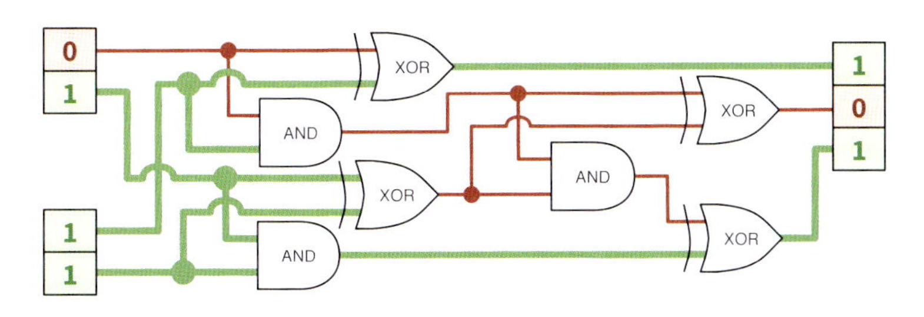

図1-7：2＋3＝5の計算（2進数では10＋11＝101）

コンピュータの高速処理を駆使するため、数値問題を2進法と論理式に変換します。真理値表は、回路を組み上げ、検査するのに有効です。ブール代数は、式を単純にし、回路を単純にします。

最初のゲートは、かさばり、非効率で、値段の高い真空管で作成されていました。世代が代わり、真空管はトランジスタで置換され、まとめて論理ゲートを製造することができました。さらに、トランジスタを小さく小さくする手段が発見され、それは今も続いています[†11]。

現代のCPUの動作原理は依然としてブール代数に依っています。そして変わらず、情報の電流を操作する、無数の超小型の電線と論理ゲートから構成される回路です。

1.3 カウント

計算問題を扱うとき、何度もカウントする必要があります。事物を正確にカウントすることは重要です[†12]。

本節での算数は少し複雑ですが、怖がってはいけません。一部の人々は数学が苦

---

†11 2016年に、研究者は1nmスケールで実証トランジスタを作成しました。参考までに、金の**原子**の幅は0.15nmです。

†12 **カウント**（counting）と**論理**（logic）は**離散数学**（discrete mathematics）と呼ばれるコンピュータサイエンスの重要分野に属しています。

手だと思い、自分はプログラマの適正がないと思ってます。しかし、私は高等学校の算数で落第した程度ですが、でもまだコンピュータ業界で働いています。優れたプログラマを育てる算数は、学校で学ぶ数学の通常の試験で必要とされているそれとは違います。

学校の外では、公式と段階的手続きを記憶する必要はありません。必要であればインターネットで検索します。紙と鉛筆で計算する必要もありません。優れたプログラマには直感が必要です。カウント問題を学ぶことでこの直感を増強します。その上で、カウントのツールである乗算、順列、組合せ、和を順番に勉強していきましょう。

乗算

ある事象では、n通りのことが起こり、別の事象ではm通りのことが起こる場合、両事象では$n \times m$通りのことが起きます。例をあげましょう。

コードクラック問題

PINコード（Personal Identification Number：個人識別番号、いわゆる暗証番号）が2桁の数字と1文字で構成され、PINを1回試すために1秒を要するとします。最悪の場合、PINをクラックするためにどれだけの時間が必要ですか。

2桁の数字は100通り（00～99）で、1文字は26通り（A～Z）の選択ができるので、あり得るPINは$100 \times 26 = 2,600$通りです。最悪の場合、正しいものを探し出すまでに、1つ1つ、すべてのPINを試す必要があり、2,600秒（43分）でクラックを完了できます。

チーム構成問題

チームへの参加希望者が23名います。これらの各希望者に対し、コインを投げ、表が出た者だけを雇います。何種類のチーム編成があり得るでしょうか。

チーム編成を始める前段階では、唯一のメンバーは自分だけです。各自コインを投げ、あり得る構成数を倍増していきます。23回行うので、2の23乗を計算します。

$$\underbrace{2 \times 2 \times \cdots \times 2}_{23回} = 2^{23} = 8,388,608 種類$$

これらの構成の1つは自分だけが属するチームだということに留意してください。

順列

n個の要素がある場合、これらをnの階乗（$n!$）通りで並べることができます。階乗は爆発的で、nが小さい値ですら、非常に大きい数を生み出します。補足すると階乗とはこういう計算です。

$$n! = n \times (n-1) \times (n-2) \times \cdots \times 2 \times 1$$

n個の要素の並び順が$n!$通りであることは簡単に確認できます。n個の要素から最初の1個を選択する場合、何通りの選択肢があるでしょうか。最初の要素を選んだ後、2番目の要素を選ぶ場合、選択肢は何通りありますか。この後、3番目の要素に対して、何通りの選択肢が残されていますか[†13]。これらを考察したら、次の例に移りましょう。

🚚巡回セールスマン問題

15の街に配達を行うトラック会社を取り上げます。ガソリンの消費量を最小限にする、これらの都市への配達順を知りたいわけです。1経路の距離を計算するために1マイクロ秒を要する場合は、取り得るすべての経路の距離を計算するためにどれだけの時間がかかりますか。

15の街の各順列は別々の経路です。階乗は別々の順列の数ですから、$15! = 15 \times 14 \times \cdots \times 1 \approx 1.3$兆通りもあります。1.3兆マイクロ秒はだいたい15日ですが、20の街を担当していた場合は**7万7千年**かかります。

†13　慣例によって、$0! = 1$です。これは、0個の要素の並び順が1通りだけあるとするという意味です。

ありがたいメロディ問題

ある音楽家が13種類の音符で構成された音階を研究しています。彼女は、6種類の音符だけを使ったメロディで、あり得るすべての音楽を演奏したいと考えています。各音符はメロディごとに1回だけ鳴らし、6種の音符の各メロディは1秒で演奏します。彼女はどのくらいの演奏時間が必要でしょうか。

13種類の音符のうちの6種類で順列をカウントします。未使用の音符の順列は無視するので、6因数の階乗以降は計算を止める必要があります。式で表現すれば$n!/(n-m)!$がn個の要素候補からm個を取り出したときのあり得る順列の数です。今回の場合は次の通りです。

$$
\begin{aligned}
\frac{13!}{(13-6)!} &= \frac{13 \times 12 \times 11 \times 10 \times 9 \times 8 \times 7!}{7!} \\
&= \underbrace{13 \times 12 \times 11 \times 10 \times 9 \times 8}_{\text{6因数}} \\
&= 1,235,520 \text{ 種類のメロディ}
\end{aligned}
$$

1秒のメロディは123万5千種類以上あり、すべてを聞くには343時間かかるでしょう。彼女には、別の手段で望みのメロディを探し出すように説得したほうがいいかもしれません。

同一要素が存在する順列

階乗$n!$は、n個の要素のうち、一部が同じでも、並び順の数として多めにカウントしてしまいます。同じ要素の位置を交換しただけのものを別々の順列としてカウントしてはいけません。

n個の要素の列で、そのうちr個が同じ場合、$r!$通りの同じ要素による重複が生じます。つまり、$n!$通りのうち、同じ並びの順列を$r!$回カウントしてしまいます。別々の順列の数を取得するには、この重複カウントの因数で$n!$を割らなければなりません。たとえば、文字「CODE ENERGY」の別々の順列の数は$10!/3!$です。

DNA遊び問題

ある生物学者が遺伝病に関連するDNA断片の研究をしています。このDNA断片は23の塩基対からなり、そのうち9対はA-Tで、うち14対はG-Cです。彼女は、これらの数の塩基対を有する、あらゆるすべてのDNA断片で、シミュレーションを行いたいとします。彼女が調べるシミュレーション数はいくつあるでしょうか。

最初に23の塩基対が取り得るすべての順列を計算します。次に、9回繰り返されるA-T塩基対と、14回繰り返されるG-C塩基対の重複に対処するため、この計算結果を除算します。

$$23!/(9! \times 14!) = 817,190 \text{ 種類の塩基対順列}$$

しかし、問題は終わっていません。塩基対の向きを考慮します。

両者は同じではありません

23の塩基対の各配列に対し、向きを考慮すると2^{23}種類の別々の構成があります。したがって、総計は次の通りです。

$$817,190 \times 2^{23} \approx 7 \text{兆種類の配列}$$

これは既知の分布での、わずか23塩基対の配列での総計です。これまでに知られている最小の複製可能DNAは、非常に小さい**豚サーコウイルス**からのもので、1,800の塩基対を持っています。DNAコードと生命は科学技術の観点から本当に驚くべきものです。ちなみに、人類のDNAは約30億塩基対を有し、人体の3兆の各細胞に複製されています。

組合せ

すべてがスペード♠の13枚のカードの束を想像してください。相手に6枚のカードを配るとすると、配り方は何通りあるでしょう。$13!/(13-6)!$が13枚のカードから6枚抜き出したときの順列の数だというのは、もうおわかりですね。しかし、6枚のカードの順は重要ではありませんので、これを6!で除算する必要があり、結果は次の通りです。

$$\frac{13!}{6!(13-6)!} = 1,716\,組合せ$$

二項係数$\binom{n}{m}$は、順に無関係で、n要素の集合からm要素を選択するときに何通りあるかを示します。

$$\binom{n}{m} = \frac{n!}{m!(n-m)!}.$$

この二項係数は「n choose m」と読みます[†14]。

♛ チェスのクイーン問題

空のチェス盤と、盤上のどこにでも置ける、8個のクイーンを持っているとします。8個のクイーンの配置は何通りありますか。

チェス盤は、8×8の格子で64個のマスを有しています。64マスのうち8つのマス選択には$\binom{64}{8} \approx 44$億通りの選択があります[†15]。

総和

カウント時の数列の総和を計算することがしばしばあります。数列の総和は、ギリシャ文字の**大文字のシグマ**（capital-sigma：Σ）記号を使って表現します。次にiの各値の総和を計算する式を示します。

$$\sum_{最初の\,i}^{最後の\,i} i\,の式$$

最初の5つの奇数の総和は次の通りです。

---

† 14　**監注**：日本語では「シーエヌエム」と読みます。

† 15　Googleで「64 choose 8」すれば正確な数字が手に入ります。

$$\sum_{i=0}^{4}(2i+1) = 1+3+5+7+9$$

1、3、5、7、9を得るために、iは0から4まで間の各数値で置換されています。最初のn個の自然数の総和は次の通りです。

$$\sum_{i=1}^{n} i = 1+2+\cdots+(n-1)+n$$

稀代の数学者ガウスは10歳のとき、自然数を1つずつ足していくのに疲れ、次に示す、手際のいい方法を思い付きました。

$$\sum_{i=1}^{n} i = \frac{n(n+1)}{2}.$$

ガウスがこれをどのように発見したか推測できますか。この秘訣は附録IIで扱っています。この方法をある問題解決に使ってみましょう。

格安航空券問題

次の30日間のどこかでNYC（ニューヨーク）に飛ぶ必要があります。航空券の価格は**行きと帰り**の日付に応じてさまざまに変わります。次の30日間でのNYCまでの往復の最安航空券を探し出すために、何通りの発着の日付の組を確認する必要がありますか。

今日（1日目）と最終日（30日目）の間の日付の組は、帰りの日が行きの日以降であれば有効です[†16]。

ということは、1日目で始まる30組、2日目で始まる29組、3日目で始まる28組等で、30日目に始まるものも1組だけあります。そこで、考慮すべきは組の総数は$30+29+\cdots+2+1$組となります。これは$\sum_{i=1}^{30} i$と書け、総和の公式を使うと次のように簡単に計算できます。

---

†16　**監注**：これは米国内での話で、日本からNYCだとフライト時間、時差、日付変更線などを考慮する必要があるので、もう少し複雑です。

$$\sum_{i=1}^{30} i = \frac{30(30+1)}{2} = 465\text{組}$$

また、組合せを使っても、この問題を解決することができます。対象の30日から2日を選択します。早いほうを行きの日、遅いほうを帰りの日とするので、2日の順序は重要ではありません。この場合、$\binom{30}{2} = 435$組です。あれ？　ちょっと待ってください。行きと帰りの日付が同じ場合を考慮する必要があります。同じ日の場合は30組あるので、$\binom{30}{2} + 30 = 465$組です。

1.4　確率

ランダム性の原則は、ギャンブルとか天気予報とか故障するリスクの低いバックアップシステムの設計を理解するのに役立ちます。原則は単純ですが、大多数の人々は誤解しがちです。

```
int getRandomNumber()
{
    return 4;  // サイコロで公平に選ばれた値だから
               // 乱数であることは保証されている
}
```

図1-8：乱数（http://xkcd.comより）

最初は、オッズを計算するためにカウントのスキルを使ってみましょう。次に、各種の事象を使って問題を解く手法を学び、最後に、ギャンブラーが最終的にすべてを取られてしまう理由を考察してみます。

結果のカウント

サイコロを転がすと、⚀、⚁、⚂、⚃、⚄、⚅の6通りの結果があり得ます。⚃が出る確率は1/6です。奇数の出る確率はどうでしょうか。奇数は3通り（⚀、⚂、または⚄）あるので、$3/6 = 1/2$です。正式には、発生する事象の

確率（probability）は以下の通りです。

$$P(\text{事象}) = \frac{\text{事象が発生する数}}{\text{あり得る結果の数}}$$

各結果は、サイコロのバランスが適切であり、さらに振る人のイカサマがなければ、均等に発生するので、この式は機能します。

再び、チーム構成問題

チームへの参加希望者が23名います。これらの各希望者に対し、コイン投げを行い、表が出た者だけを雇います。誰も雇わない確率はどのくらいですか。

すでに、$2^{23} = 8,388,608$通りのチーム構成があり得ることを確認しています。誰も雇わないための唯一の手段は23回連続して裏を出すことです。ということは、この確率は、

$$P(\text{nobody}) = 1/8,388,608$$

です。総体的に物事をみると、特定の航空会社の飛行機が墜落する確率（約500万分の1）よりも低いです。

独立事象

コインを投げ、サイコロを転がし、コインの表とサイコロの⚅が出る確率は

$$1/2 \times 1/6 = 1/12 \approx 0.08$$

つまり8%です。1つの事象の結果はもう1つの事象の結果に影響をおよぼさないので、これらは**独立**（independent）しています。2つの独立した事象が発生する確率は個々の確率の積です。

バックアップ問題

1年間のデータを保存する必要があります。あるディスクが故障する確率は1/10億です。もう1つのディスクはコストは20%で済みますが、故障する確率

は1/2000です。何を買うべきでしょうか。

値段が安いディスクを3個を使用する場合は、3個すべてのディスクに障害が発生した場合、データが消滅します。これが発生する確率は、

$$(1/2,000)^3 = 1/8,000,000,000$$

です。この冗長性は60%のコストで、値段が高いディスクよりもデータ消滅のリスクを軽減しています。

排反事象

サイコロは同時に⚃と奇数を出すことができません。⚃あるいは奇数が出る確率は$1/6 + 1/2 = 2/3$です。2つの事象が同時に起こることがないとき、これらを**排反**（mutually exclusive：相互排他的）事象と呼びます。排反事象の発生が必要であれば、単に個々の確率の和を計算します。

☑サブスクリプション選択問題

あるWebサイトは、無料、標準、プロフェッショナルという3つの料金プランを提供しています。無作為の新しい顧客は確率で言うと70%が無料、20%が標準、10%がプロフェッショナルを選択することがわかっています。新しい利用者が有料プランで登録する確率はどのくらいですか。

これらの事象は排反事象です。利用者は同時に標準とプロフェッショナルの**両者**を選択することはできません。利用者が有料プランにする確率は$0.2 + 0.1 = 0.3$です。

余事象

サイコロは同時に3の倍数（⚂、⚅）と、3で**割れない**目を出すことはできませんが、必ずどれかは出ます。3の倍数を取得する確率は$2/6 = 1/3$であるので、3で割り切れない数を取得する確率は$1 - 1/3 = 2/3$です。2つの相互排他的事象があり得るすべての結果（全事象）であるとき、片方の事象をもう一方の事象の**余**

（complementary：補足的）事象と呼びます。余事象の個々の確率の和はこのように100%です。

塔防御問題

ある城が5つの塔によって守られています。各塔は20%の確率で侵略者が門に到達する前に撃退します。侵略者を食い止めることができる確率はどのくらいですか。

$0.2 + 0.2 + 0.2 + 0.2 + 0.2 = 1$、要は100%の可能で敵を倒すということで正しいでしょうか。**違います**。これはよくある間違いで、独立した事象の確率の和ではありません。この問題には余事象を2回使います。

- 20%の確率の撃退は、80%の確率の敗北の余事象。すべての塔が敗北する確率は$0.8^5 \approx 0.33$。
- 事象「すべての塔が陥落する」は事象「最低1つの塔が撃退する」の余事象。敵を止める確率は$1 - 0.33 = 0.67$。

ギャンブラーの誤謬

通常のコインを10回投げ、10回とも表が出た後、11回目に裏が出る確率は高くなるでしょうか。また、宝くじを1から6までの数字だけで選んだ場合は、より均等にばらけた数字から選んだ場合に比べて当たる確率は低くなるでしょうか。

ギャンブラーの誤謬の犠牲者にならないでください。過去の事象が独立事象の結果に影響を与えることはありません。**決して**。公平に行われている宝くじの抽選では、選ばれる数の確率はほかのものと同じです。いままでに選ばれる頻度が低かった番号を、今後は頻繁に選ばれるように強制する「秘密の規則」はありません。

上級の確率問題

ここまでに取り上げてきた以上に、はるかにたくさんの確率問題があります。難しい問題を扱う際には、たくさんのツール（考え方）を探すことを常に思い出してください。例をあげます。

みたび、チーム構成問題

チームへの参加希望者が23名います。これらの各希望者に対し、コインを投げ、表が出た者だけを雇います。7名以下しか雇用できない確率はどのくらいでしょうか。

これは難問です。Googleでいろいろ探してみると、最終的には「二項分布」に導かれるでしょう。Wolfram Alpha[†17]で`B(23,1/2) <= 7`と入力すれば、この結果をグラフで表示してくれます。

まとめ

本章では、問題解決に密接に関係しているものを見てきました。しかし、実際のプログラミングは扱っていません。「1.1　解決案」では、なぜ、どのように物事を書き出す必要があるかを示しました。問題のモデルを作成し、作成したモデルに対して概念ツールを使いました。「1.2　論理」では、ブール代数と真理値表を使って、論理を扱うためのツールを提供しました。

「1.3　カウント」では、各種の問題の可能性と構成をカウントすることの重要性を示しました。素早く封筒の裏で計算してみると、計算が簡単であったり、無駄であったりすることを確認できます。プログラマ初心者の多くは、あまりにも多くの利用想定を解析するのに時間を浪費しています。最後に、「1.4　確率」では、オッズをカウントする基本規則を示しました。私たちの素晴らしくも不確実性が高い社会と、対話するソリューションを開発する際、確率は非常に役に立ちます。

このように本章では、学者達が**離散数学**と呼ぶ分野の、多くの要点の概要を取り上げました。以下の参考文献あるいはWikipediaの航海から、さらに多くの楽しい定理を得ることができます。たとえば、NYCにはまったく同じ本数の髪を持った人が最低ふたりのいることを証明するため、「鳩の巣原理（pigeonhole principle）」を使うことができます。

ここで学んだことのいくつかは、次章で学ぶ内容に特に関連し、コンピュータサイエンスのほとんどの要点を発見するでしょう。

---

†17　http://wolframalpha.com（日本語サイト＝https://ja.wolframalpha.com）

参考文献

- Kenneth H Rosen, "Discrete Mathematics and Its Applications", McGraw-Hill Education, 2018
- Jeannette M. Wing, "Computational Thinking", Carnegie Mellon University School of Computer Science, 2007 (https://www.cs.cmu.edu/afs/cs/usr/wing/www/Computational_Thinking.pdf)

CHAPTER 2

計算量

大抵の計算では、計算手続きのために各種の準備が可能だが、計算に要する時間を最小限に留めるのに資する準備を選ぶことが非常に重要である。

— エイダ・ラブレス

シャッフルされたトランプの26枚のカードをソートする（順番通りに並べる）にはどれだけの時間が必要でしょう。また、2倍の52枚だと、2倍の時間で終わるでしょうか。1,000組のトランプだとどうでしょう。これはカードをソートする**メソッド**（method：手法）に依存します。メソッドとは、目標を達成するための一通りの命令を並べたものです。

常に有限の一連の演算で完結するメソッドは**アルゴリズム**（algorithm）と呼びます。たとえば、カードソートのアルゴリズムとは、26枚のトランプをシンボル（スート）と番号（ランク）に従ってソートするための操作を指定するメソッドのことです。

演算の数を減らすことができれば、必要とされる計算能力も低くて済みます。問題解決の速度は速いに越したことはありませんので、アルゴリズムの演算の数を測定します。というのも、多くのアルゴリズムでは、対象の大きさが増加すると、演算の数が急増します。たとえば、私たちのカードソートのアルゴリズムでは、ちょっとした演算で26枚のカードをソートできますが、2倍の52枚のカードではソートに4倍の演算が必要です。

問題の大きさが増大したときの驚きを避けるため、アルゴリズムの**時間計算量**（time complexity）を探し出します。本章では次のことを学びます。

⏱ **時間**（time）計算量をカウントし、理解する。
📈 計算量の増加を$\mathcal{O}$**記法**（Big-O）で表現する。
😱 計算量が**指数関数的**（exponential）に増加するアルゴリズムを避ける。
💾 **メモリ**（memory）が十分あることを確認する。

ところで、時間計算量はどのように定義されているのでしょうか。

時間計算量は$\mathbb{T}(n)$と表現され、大きさがnの対象を処理するときにアルゴリズムが要する演算数を示します。アルゴリズムの$\mathbb{T}(n)$を**ランニングコスト**（running cost）として解釈することもあります。あるカードソートのアルゴリズムが$\mathbb{T}(n) = n^2$に従うのであれば、2倍の枚数をソートするには、

$$\frac{\mathbb{T}(2n)}{\mathbb{T}(n)} = 4$$

となるので、4倍の時間がかかると推定できます。

備えあれば憂いなし

ある程度順番通りに並んでいるカードを順番通りに並べ変えるほうが速いと思いませんか。アルゴリズムが要する演算の数を左右するのは対象の大きさだけではありません。同じアルゴリズムで、同じnの値でも、常に同じ時間計算量$\mathbb{T}(n)$とは限らないのです。

各種の場合を整理してみます。

- **最善**：同じ大きさの対象が最小の演算数を必要とする場合。ソートでは、対象がすでにソート済みの場合はこれにあたる。
- **最悪**：同じ大きさの対象が最大の演算数を必要とする場合。多くのソートアルゴリズムでは、対象が逆順に並んでいるときがこれにあたる。
- **平均**：同じ大きさのいわゆる普通の対象に対して要する演算数の平均。ソートの場合は、通常、順不同の対象が想定される。

一般に、最悪の場合が最も重要であり、ここから常に信頼できる基準が得られます。何らかの前提条件がなければ、最悪の場合が仮定されます。では、最悪の場合を実際に解析してみましょう。

図2-1：時間の見積もり（http://xkcd.comより）

2.1 時間のカウント

大きさnの対象に対して、要する演算数をカウントすることで、アルゴリズムの時間計算量を調べることができます。**選択ソート**（selection sort）という、二重の繰り返しによるソートアルゴリズムを使って例を示しましょう。外側の繰り返し`for`が、ソートされている現在の位置を更新し、内側の繰り返し`for`が現在の位置に移動する要素を選びます[†1]。

```
function selection_sort(list)
    for current ← 1 … list.length - 1
        smallest ← current
        for i ← current + 1 … list.length
            if list[i] < list[smallest]
                smallest ← i
        list.swap_items(current, smallest)
```

最悪の場合、n個の要素のリストで何が起きるか確認してみましょう。外側の繰り返しは$n-1$回実行され、実行のたびに1回の代入、1回の交換が行われるので、計$2n-2$演算です。内側の繰り返しは最初は$n-1$回、次は$n-2$回、$n-3$回と

†1　新しいアルゴリズムを理解するためには、紙の上で小さめの例で実際に試してみるといいでしょう。

実行されます。この種の数列の和は次の式で計算できます[†2]。

$$\text{内側の繰り返しの実行回数} = \overbrace{\underbrace{n-1}_{\text{外側の第1の繰り返し}} + \underbrace{n-2}_{\text{外側の第2の繰り返し}} + \ldots + 2 + 1}^{\text{外側の繰り返しを計 } n-1 \text{回繰り返し}}$$

$$= \sum_{i=1}^{n-1} i = \frac{(n-1)(n)}{2} = \frac{n^2 - n}{2}$$

最悪の場合、条件分岐`if`はすべて該当し、内側の繰り返しは1回の比較、1回の代入を$(n^2 - n)/2$回、計$n^2 - n$演算を行います。合計で、このアルゴリズムは外側の繰り返しで$2n - 2$演算、内側の繰り返しで$n^2 - n$演算かかります。この時間計算量は次の式で表現できます。

$$\mathbb{T}(n) = n^2 + n - 2$$

次に、$n = 8$の場合と、倍の大きさの$n = 16$の場合の比較を示します。

$$\frac{\mathbb{T}(16)}{\mathbb{T}(8)} = \frac{16^2 + 16 - 2}{8^2 + 8 - 2} \approx 3.86$$

さらに倍で計算すると3.90倍、繰り返すと3.94倍、3.97倍、3.98倍と、次第に4に近づいていきます。200万件の要素をソートするのにかかる時間は、100万件の要素をソートするのに比べて、4倍にかかります。

増加を理解する

対象の大きさが非常に大きく、さらに増加するとします。実行時間がどのように増加するかを推定するために、$\mathbb{T}(n)$のすべての項を知る必要はありません。**支配項**(dominant term)と呼ばれる、nに対して増加率が最も高い項で$\mathbb{T}(n)$を近似することができます。

---

†2 「1.3 カウント」の$\sum_{i=1}^{n} i = n(n+1)/2$から。

情報カード問題

昨日、1箱の情報カードをひっくり返してしまいました。元に戻すのに選択ソートで2時間かかりました。今日は10箱もばらまいてしまいました。これらを整理するのにどのくらいの時間がかかるでしょうか。

選択ソートは$\mathbb{T}(n) = n^2 + n - 2$に従うことがわかっています。最も急激に増加する項はn^2であるため、$\mathbb{T}(n) \approx n^2$と書けます。1箱に$n$枚のカードがあると仮定すると、

$$\frac{\mathbb{T}(10n)}{\mathbb{T}(n)} \approx \frac{(10n)^2}{n^2} = 100$$

約$100 \times$(2時間)$=200$時間かかるでしょう。別のソートアルゴリズムを使ったときはどうでしょうか。「バブルソート」と呼ばれるアルゴリズムの時間計算量は$\mathbb{T}(n) = 0.5n^2 + 0.5n$ですから、最も急激に成長する項から$\mathbb{T}(n) \approx 0.5n^2$を導きます。

$$\frac{\mathbb{T}(10n)}{\mathbb{T}(n)} \approx \frac{0.5 \times (10n)^2}{0.5 \times n^2} = 100$$

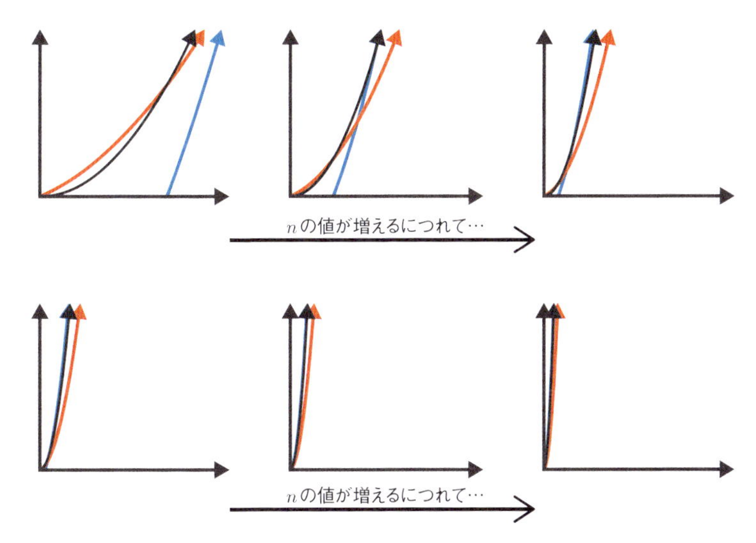

図2-2：横軸のnがどんどん増加したときのn^2、$n^2 + n - 2$、$0.5n^2 + 0.5n$

係数0.5は相互に打ち消します。n^2+n-2と$0.5n^2+0.5n$がともにn^2と同様に増加することはなかなか理解しにくいかもしれません。関数の中で最も急激に増加する項は、どのように残りのすべての数値を無視し、成長を支配するのでしょうか。これを視覚的に理解することにします。

図2-2では、複数のnの視点で2つの時間計算量をn^2と比較しています。これらの曲線はnの値を大きくしていったときに、次第に近づいていくことがわかります。実際、$\mathbb{T}(n) =$ ● n^2+ ● $n+$ ●の●の値が何であれ、n^2のように増加します。

増加率が最も高い項が同じであれば、曲線は近づくと現象を覚えておいてください。線型成長nの関数のグラフが2次成長n^2のグラフに近づくことは決してありません。同様に、2次成長のグラフが3次成長n^3のグラフに近づくこともありません。

このため、非常に大きい対象に対しては、2次成長コストを要するアルゴリズムは、線型成長コストのアルゴリズムより相当悪いのですが、3次成長コストのものに比べると、はるかに優れています。このことを理解できれば、次の節は簡単です。これを表現する洒落た記法を学ぶだけです。

2.2 $\mathcal{O}$記法

$\mathcal{O}$記法（Big-O notation）と呼ばれる、成長の程度を指す特別の表記法があります。成長率の最も高い項が2^n**以下**の関数は$\mathcal{O}(2^n)$で、2次**以下**の成長を有するものは$\mathcal{O}(n^2)$、線型**以下**に成長するものは$\mathcal{O}(n)$です。この表記法では、最悪の場合のアルゴリズムのコスト関数の支配項を表現するために使われ、時間計算量の表現として標準的に使われています[†3]。

選択ソートとバブルソートはどちらも$\mathcal{O}(n^2)$ですが、次に取り上げる、同じ仕事をする$\mathcal{O}(n\log n)$アルゴリズムは少々異なります。

$\mathcal{O}(n^2)$アルゴリズムでは、対象の大きさを10倍にすると、ランニングコストが100倍に跳ね上がりますが、$\mathcal{O}(n\log n)$アルゴリズムでは10倍の対象であっても、ランニングコストは$10\log 10\approx 34$倍です。

nが100万のとき、n^2は1兆倍ですが、$n\log n$であればわずか数百万倍です。大きい対象では2次アルゴリズムを数年かけて実行することが、$\mathcal{O}(n\log n)$アルゴリ

---

†3　発音は「**オー**」。たとえば、「このソートアルゴリズムはnの**二乗オー**である」というように言います。

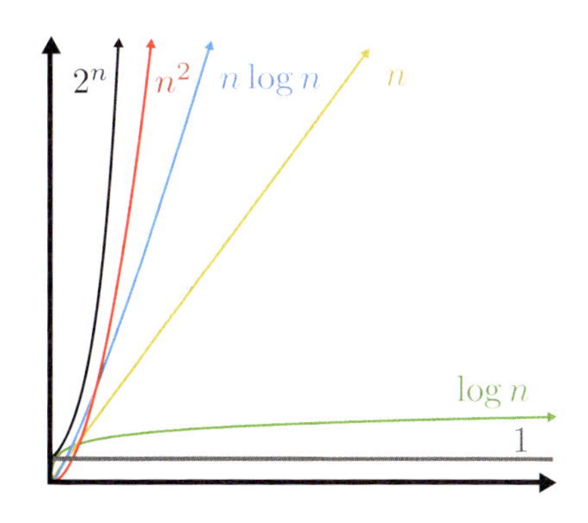

図2-3：$\mathcal{O}$記法で登場することが多い各種の計算量の成長

ズムであれば数分で完了します。したがって、非常に大きい対象を処理するシステムを設計する際に、時間計算量の解析が必要です。

計算システムを設計するときは、一番頻繁に行われる操作を探し出すことが重要です。これで、これらの操作を行う各種のアルゴリズムの$\mathcal{O}$記法でのコストを比較できます[†4]。また、ほとんどのアルゴリズムは特定のデータ構造の対象でしか動作しません。事前にアルゴリズムを選択すれば、対象をアルゴリズムに応じたデータ構造にすることができます。

いくつかのアルゴリズムは、対象の大きさとは無関係に常に一定の時間で実行されます。これを$\mathcal{O}(1)$と言います。たとえば、数値が奇数か偶数かを調べるには、最後の桁が奇数であるかどうかを調べるだけで、どれだけ大きい数でも瞬時に問題は解決されます。

次章では、$\mathcal{O}(1)$のアルゴリズムを取り上げます。これは凄いのですが、先に**別の意味で**凄いアルゴリズムを見てみましょう。

2.3 指数関数

$\mathcal{O}(2^n)$アルゴリズムは**指数関数時間**（exponential time）です。図2-4のグラフでは2次のn^2と指数関数2^nはたいして差がありませんでしたが、nをさらに大き

---

†4　各種処理を行う汎用アルゴリズムの計算量における$\mathcal{O}(1)$記法はhttp://bigocheatsheet.com/を参照してください。

くとると、指数関数成長が2次成長を圧倒的に支配していることがわかります。

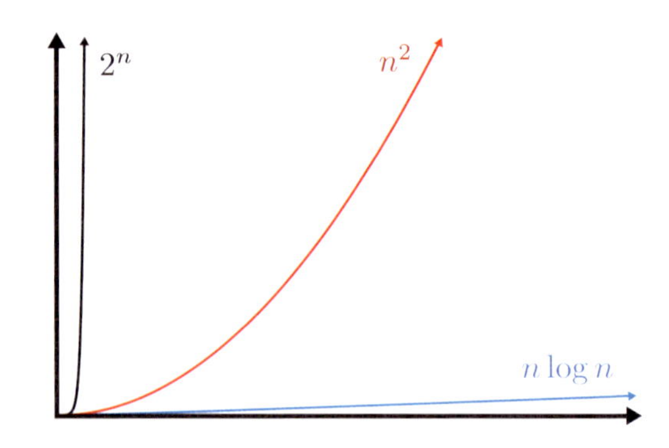

図2-4：nをさらに大きくしたときの各種の成長曲線
（線型および対数の曲線は低すぎて、x軸に張り付いてしまうので取り除いた）

指数関数時間は**あまりにも急激**に成長するため、このアルゴリズムは「実行不可能」だとされています。これは対象が小さい場合にのみ動作し、対象が大きければ、非常に多くの計算能力が必要になります。プログラムのあらゆる箇所の効率を改善しても、スーパーコンピュータを使っても歯が立ちません。指数関数は圧倒的に常に成長を支配し、これらのアルゴリズムを実行不能にしてしまいます。

指数関数成長の爆発性を示すため、nの値をさらに大きくしてみましょう（図2-5）。指数関数の底を2から1.5に減らし、さらに1,000で割ります。多項式の指数は2から3に増やし、1,000を掛けました。

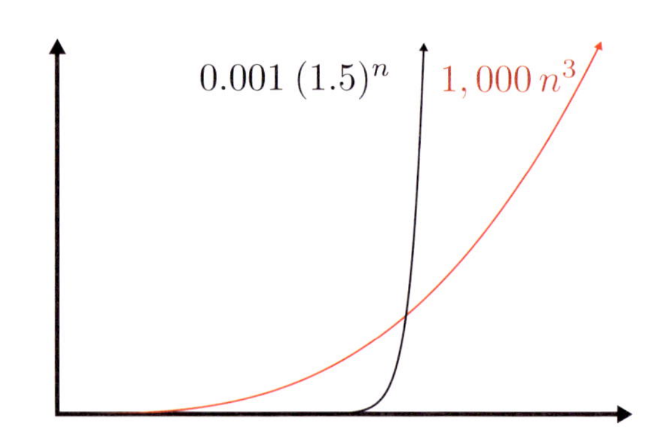

図2-5：指数関数は多項式では打ち負かすことができない
（$n \log n$の曲線は低すぎて、x軸に張り付いてしまうので、取り除いた）

指数関数時間のアルゴリズムよりもさらに悪いアルゴリズムがあります。**階乗時間**（factorial time）アルゴリズムの時間計算量は$\mathcal{O}(n!)$です。指数関数アルゴリズムも階乗時間アルゴリズムも恐ろしいのですが、最も難しい計算問題として知られる**NP完全**（NP-complete）問題では、これらのアルゴリズムが必要です。次章でNP完全問題の重要な例を取り上げます。今のところ、いずれかのNP完全問題に対して非指数アルゴリズムを最初に発見した者はクレイ数学研究所（Clay Mathematics Institute）から賞金100万ドル（約1億円）を贈呈されるということを頭の片隅に留めておくといいでしょう[†5]。

要するに、扱っている問題の程度を認識することが重要だということです。その問題がNP完全だとがわかっていれば、最適解を探し出すことは不可能との戦いだと気づくでしょう（100万ドルを狙っているのでなければ）。

2.4 メモリのカウント

演算を無限に高速に実行できたとしても、処理能力には依然として限界が存在します。アルゴリズムの実行には、進行中の計算を維持するため、作業の記憶領域が必要です。これがいわゆる**コンピュータのメモリ**（computer memory）の消費です。そして、メモリは無限ではありません。

アルゴリズムが必要とする作業記憶領域の測定は、**空間計算量**（space complexity）と呼ばれます。空間計算量は時間計算量と同じように解析します。違いは、演算ではなく、コンピュータのメモリをカウントする点です。アルゴリズムの対象の大きさが増加すると、空間計算量がどのように増加するかを、時間計算量で行ったように、確認してみましょう。

たとえば、選択ソート（「2.1　時間のカウント」）は、作業記憶領域として固定数の変数を必要とします。変数の数は対象の大きさには依存しません。したがって、選択ソートの空間計算量は$\mathcal{O}(1)$で、対象の大きさとは無関係に、作業記憶領域として同じ量のコンピュータメモリが必要です

しかし、ほかの多くのアルゴリズムでは、対象の大きさに応じた作業記憶領域を

---

†5　**いずれか**のNP完全問題に対して非指数関数アルゴリズムは**すべて**のNP完全問題に対して展開できることが証明されています。これらのアルゴリズムが存在するかどうかわからないので、非指数関数アルゴリズムではNP完全問題を解決できないことを証明しても賞金100万ドルを受け取れます。

必要とします。場合によっては、アルゴリズムのメモリ要件を満たすことが出来ないこともあります。$\mathcal{O}(n \log n)$の時間計算量と、$\mathcal{O}(1)$の空間計算量を有する、ソートアルゴリズムを探し出すことはできません。ときには、コンピュータのメモリの制限によって妥協を強いられることがあります。メモリが不足していれば、$\mathcal{O}(1)$の空間計算量のために、遅い時間計算量のアルゴリズム（$\mathcal{O}(n^2)$）を使う必要が生じることもあります。以降の章では、巧妙にデータ処理をすることで、空間計算量を改善することを取り上げます。

まとめ

本章では、アルゴリズムが、計算時間とコンピュータメモリに関する各種の消費を学びました。時間と空間の計算量を解析し、どのように評価するかを確認しました。アルゴリズムによって実行される演算の数にあたる$\mathbb{T}(n)$を正確に探し出すことで時間計算量を計算することを学びました。

$\mathcal{O}$記法を使って、時間計算量を表現する手段も学びました。本書では、この表記法を使用してアルゴリズムの時間計算量を簡単に解析していきます。アルゴリズムの$\mathcal{O}$記法の計算量を推測するのに、何度も$\mathbb{T}(n)$を計算する必要はありません。次章で計算量を簡単に計算する手法を示します。

指数関数アルゴリズムは大きい対象に対してランニングコストが爆発的に増加するので、実行不可能であることも確認し、次の質問への回答を学びました。

- 各種のアルゴリズムで、実行に要する演算数の点で大きい差はあるか。
- 対象の大きさが倍増すると、アルゴリズムの実行に要する時間はどのように変わるか。
- 対象の大きさが成長していったときのアルゴリズムの演算数は現実的か。
- アルゴリズムが目的の大きさの対象で実行速度があまりに遅いとき、アルゴリズムを改善したり、スーパーコンピュータを使ったりすることで対処できるか。

次の章では、アルゴリズムの設計に依った戦略が時間計算量にどのように関連しているかを調べることに焦点を当てます。

参考文献

- Donald E. Knuth, “The Art of Computer Programming, Vol.1: Fundamental Algorithms, 3rd Edition”, Addison-Wesley Professional, 1997
  - 『The Art of Computer Programming Volume 1 Fundamental Algorithms Third Edition 日本語版』『The Art of Computer Programming Volume 1 Fundamental Algorithms Third Edition 日本語版』、Donald E. Knuth=著、有澤誠/和田英一=監修、有澤誠/和田英一/青木孝/筧一彦/鈴木健一/長尾高弘=訳、ドワンゴKADOKAWA　2015年
- hackerdashery, “P vs. NP and the Computational Complexity Zoo”, https://www.youtube.com/watch?v=YX40hbAHx3s, 2014
- Undefined Behavior, “What is Big O?”, https://www.youtube.com/watch?v=MyeV2_tGqvw, 2017

CHAPTER 3

戦略

良い手に気が付いたら、もっと良い手を探しなさい。　　(チェスの格言)
— エマーヌエール・ラスカー

素晴らしい戦果を勝ち取るため手堅い戦略を使う将は歴史に刻まれます。問題解決で勝るには優れたストラテジスト（戦略家）が必要です。本章では、アルゴリズム設計の戦略の根幹を扱います。本章では次のことを学びます。

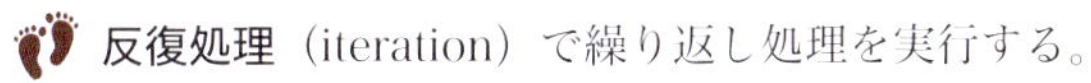

- **反復処理**（iteration）で繰り返し処理を実行する。
- **再帰処理**（recursion）を使い、エレガントに反復する。
- 怠け者でも元気があれば、**総当たり攻撃**（brute force）を強行する。
- 悪い選択肢を試し、**バックトラック**（backtrack）で引き返す。
- 妥当程度で我慢することにし、**発見的解法**（heuristic）で時間を節約する。
- 難しい相手には**分割統治法**（divide and conquer）を行う。
- 既存の問題を**動的**（dynamically）に特定し、再び苦労を負うのを避ける。
- 解が広がることを避けるため、問題の範囲を**限定**（bound）する。

たくさんのことをあげましたが、心配はいりません。単純問題から始め、新しい技術を発見していくように、次第に優れた解法を組み立てていきます。皆さんはすぐに、堅実で道理にあった解法を使って計算問題を打開することができるでしょう。

3.1　反復処理

反復処理による戦略は、条件が満たされるまで、たとえば、`for`、`while`を使って処理を繰り返すことにあります。繰り返しの各処理は反復と呼ばれます。対象の最初から最後まで各要素に対して同じ演算を行うときに最適です。例をあげます。

魚名簿マージ問題

アルファベット順に並んだ海水魚のリストと淡水魚のリストがあります。2つのリストからすべての魚をアルファベット順に並べたリストを作るにはどうすればよいでしょう。

次のように、2つのリストの先頭要素を繰り返し比較していきます。

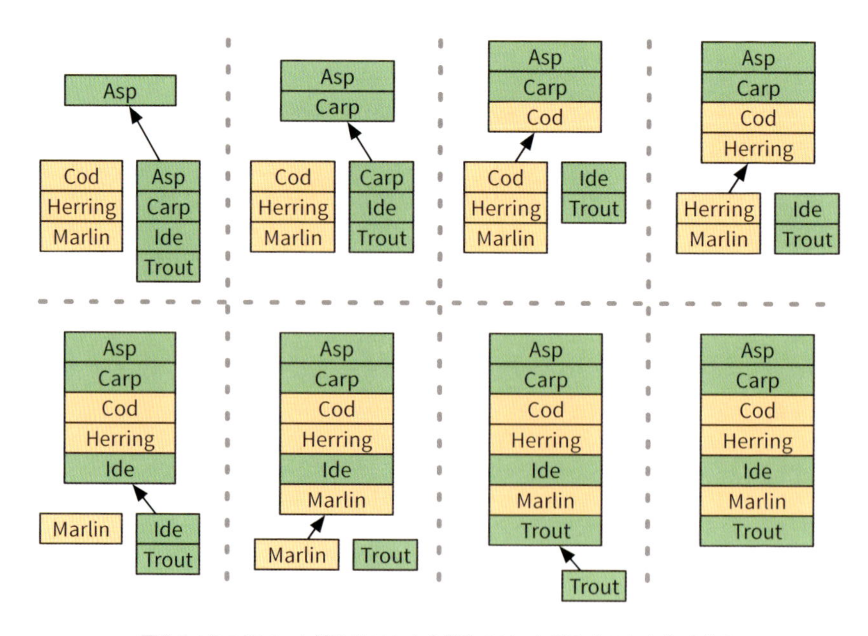

図3-1：2つのソート済みリストから第3のソート済みリストを作成する

この処理は単独の繰り返し`while`で書けます。

```
function merge(sea, fresh)
    result ← List.new

    while not (sea.empty and fresh.empty)
        if sea.top_item > fresh.top_item
            fish ← sea.remove_top_item
        else
            fish ← fresh.remove_top_item
        result.append(fish)

    return result
```

対象の2つのリストのすべての名前に対して繰り返しを行い、各名前に対して固定数の演算を行うので[†1]、このmergeアルゴリズムは$\mathcal{O}(n)$です。

多重の繰り返しとべき集合

前の章ではselection_sortが外側の繰り返しの内側にもう1つの繰り返しを使う手法を学びました。ここでは、**べき集合**（power set）を計算するために二重の繰り返しを使う手法を学びます。所定のオブジェクトの集合Sに対し、Sのべき集合はSのすべての部分集合からなる集合です[†2]。

香り探し問題

花の香料は、花の香りを調合して作られます。花の集合Fに対し、出来上がるすべての香料はどのように列挙すればよいでしょう。

あらゆる香料はFの部分集合から作られるので、Fのべき集合はあり得るすべての香料から構成されます。繰り返しによって、このべき集合を計算することができます。花が0種類の場合、**香りのない**香料を1つだけ作ることができます。花を1つ追加すると、すでにある香料を複製し、複製した香料に新しい花を足していきます。これは視覚的に簡単に理解できます。

---

†1 対象の大きさは、両対象のリストの要素数を足したものです。繰り返しwhileは、これらの各要素に対して3つの演算を行います。したがって、$\mathbb{T}(n) = 3n$となります。

†2 集合に関する解説は附録IIIを参照してください。

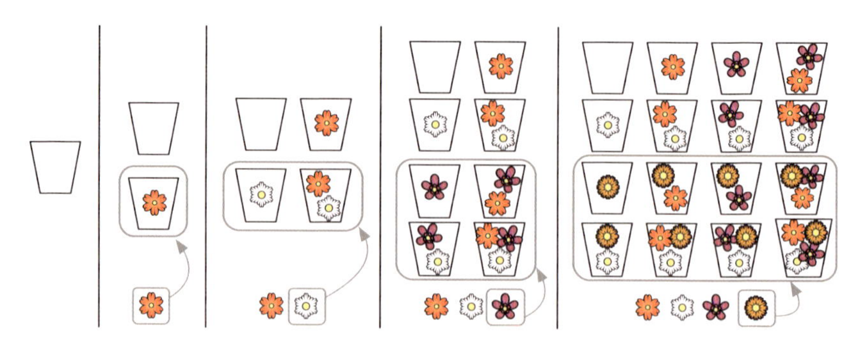

図3-2：4つの花によるすべての香料を繰り返しによって表示する

この処理は繰り返しを使って表現します。外側の繰り返しは取り扱うべき次の花を追跡し、内部の繰り返しは香料を複製し、現在の花を複製に足していきます。

```
function power_set(flowers)
    fragrances ← Set.new
    fragrances.add(Set.new)
    for each flower in flowers
        new_fragrances ← copy(fragrances)
        for each fragrance in new_fragrances
            fragrance.add(flower)
        fragrances ← fragrances + new_fragrances
    return fragrances
```

現在処理している花がfragrancesの大きさを2倍にするため、これは指数関数成長を示します（$2^{k+1} = 2 \times 2^k$）。対象の大きさが単一の要素増加するだけで、演算が倍増するアルゴリズムは指数関数であり、これは$\mathcal{O}(2^n)$の時間計算量です。

べき集合を生成することは、真理値表（「1.2　論理」）を生成することと等価です。各花を真理値変数に割り当てれば、あらゆる香料は、これらの変数のTrueあるいはFalseの値として表現できます。これらの変数の真理値表では、各行はあり得る香料を構成する式を表現します。

3.2　再帰処理

ある関数が**自らの複製（クローン）**に仕事を委託する仕組みを**再帰**（recursion）

と呼びます。再帰アルゴリズムは、自身を単位として定義した問題解決を念頭に置いています。ここでは、あまりにも有名ですが、フィボナッチ数列を取り上げます。この数列は2つの1から始まり、後続の各数字は前の2つの数値の合計で、具体的には「1, 1, 2, 3, 5, 8, 13, 21, ...」という数列です。n番目のフィボナッチ数を返す関数はどのように書けるでしょうか。

```
function fib(n)
    if n ≤ 2
        return 1
    return fib(n - 1) + fib(n - 2)
```

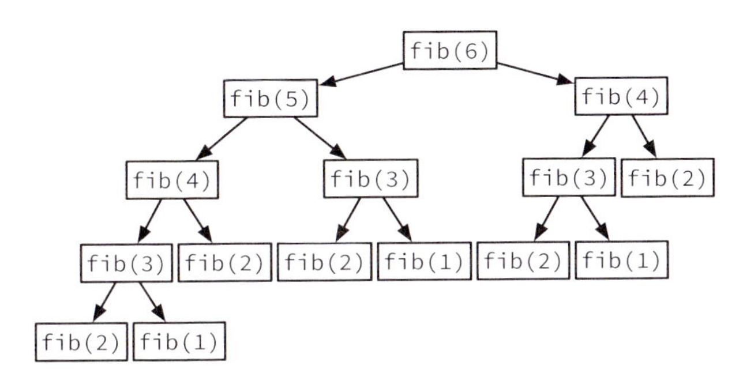

図3-3：第6のフィボナッチ数を再帰的に計算する

再帰処理を活用するには、自身を単位としてどのように問題を表現するかという創造性が必要です。ある単語が回文[†3]であるかどうかの検査は、この単語の文字を逆順に並べて、変わるかどうかを検査することです。ある単語の最初と最後の文字が同じで、この文字の間の残りの部分単語が回文であれば、この単語は回文です。

```
function palindrome(word)
    if word.length ≤ 1
        return True
    if word.first_char ≠ word.last_char
        return False
    w ← word.remove_first_and_last_chars
    return palindrome(w)
```

---

†3 回文とは、「Ada」、「racecar」のように、後ろから読んでも、前から読んだのと同じように読める文字列のことです。

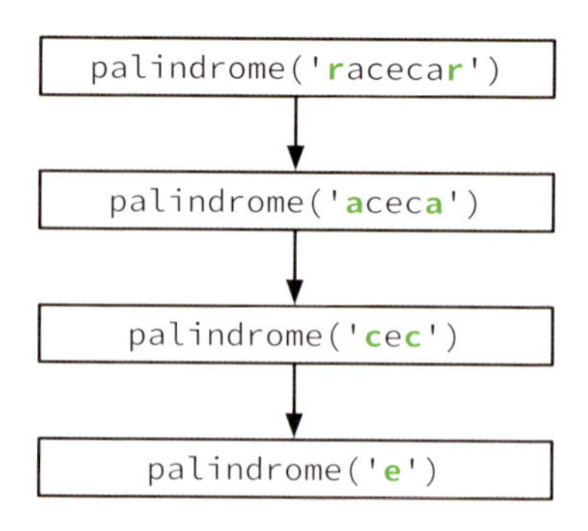

図3-4：「racecar」が回文であるかどうかを再帰的に確認する

再帰アルゴリズムには、対象が小さすぎ、もうこれ以上減らすことができない状態に相当する**基底状態**（base case）が設定されています。fibの基底状態は1と2の数値です。palindromeの場合は1文字または0文字の単語です。

再帰処理 vs. 反復処理

一般的には、再帰アルゴリズムのプログラムは反復アルゴリズムのものより単純で短く書けます。次の再帰アルゴリズムを前節のpower_set（非再帰、反復）と比較してみましょう。

```
function recursive_power_set(items)
    ps ← copy(items)
    for each e in items
        ps ← ps.remove(e)
        ps ← ps + recursive_power_set(ps)
        ps ← ps.add(e)
    return ps
```

この単純さには犠牲が伴います。再帰アルゴリズムは、実行時に多くのクローンが生まれ、これが計算処理上のオーバーヘッドとなります。コンピュータは、未完了の再帰呼び出しと部分計算結果を保持するため、多くのメモリを消費します。さらに、再帰呼び出しを行ったり来たりするため、CPUサイクルも費やします。

これらの潜在問題は**再帰木**（recursion tree）を使えば視覚的に確認できます。再帰木は、アルゴリズムが計算を深く掘り下げていく際にどれだけ多くの関数呼び出しを行うかを示す図です。フィボナッチ数の計算の再帰木は図3-3で、回文単語の検査は図3-4で見た通りです。処理速度を最優先で引き上げる必要があるときは、再帰アルゴリズムを単に反復処理に書き直すことで、オーバーヘッドを回避できます。これは常に可能ですが、ある種の取引きです。反復処理のプログラムは一般的に高速に実行されますが、複雑で、しかも理解が難しいという短所があります。

3.3 総当たり攻撃

総当たりによる戦略は、問題のあり得る解の候補を**すべて**検査することによって問題を解きます。網羅探索とも呼ばれるこの戦略は、通常、馬鹿正直で単純労働です。数十億の候補がある場合でも、コンピュータの**総力**をかけて、すべて1つ1つを検査します。

図3-5：総当たり攻撃の身近な例（http://geek-and-poke.comより）

次の問題を解くには、総当たり攻撃をどのように使えるでしょうか。

¥ 最善取引問題

ある期間、金の相場を監視し、ある日に金を買い、別の日に売り、可能な最高利得を得たいと思っています。

いつでも最低価格で買い、最高価格で売ることができるわけではありません。最高価格を付けた**後**に最低価格が付くこともありますが、時間を遡ることはできません。総当たりの攻撃では、**あり得るすべての２日の組**を評価し、正解を探し出します。各組での売買利得を、いままでの最高利得と比較していきます。ある期間の2日の組数は、期間が延びるに従って二次に増加することがわかっているので[†4]、最善取引問題を、優れた時間計算量で解決するために、別の戦略を取ることもできます。しかし場合によっては、総当たり攻撃が最善の時間計算量であることもあります。次の例を見てください。

ナップサック問題

商品を運ぶためのナップサックがあります。このナップサックは重量制限があり、重量を超過すると壊れてしまいます。そのため、すべての商品は運べないので、運ぶ商品を選択しなければなりません。商品の重量とその価格を確認し、どの商品を詰めれば、最高の売り上げを上げることができるでしょう。

各商品のべき集合はあり得るすべての商品の選択肢から構成されます[†5]。総当たり攻撃は、これらすべての選択肢を淡々と検査するだけです。べき集合をどのように生成するかはわかっているので、総当たりアルゴリズムは簡単です。

```
function knapsack(items, max_weight)
    best_value ← 0
    for each candidate in power_set(items)
        if total_weight(candidate) ≤ max_weight
            if sales_value(candidate) > best_value
                best_value ← sales_value(candidate)
                best_candidate ← candidate
    return best_candidate
```

n個の商品なら、選択肢は2^n種類です。この各選択肢に対し、商品の総重量が

---

†4 「1.3　カウント」で見たように、n日の期間では$n(n+1)/2$組の２日があります。

†5 べき集合の解説は附録IIIを参照してください。

ナップサックの許容以下か、販売価格がいままでの最高値よりも高いかを検査します。これは、選択肢ごとの固定数の演算であり、アルゴリズムは$\mathcal{O}(2^n)$であることを意味します。

とはいえ、すべての選択肢を検査する必要があるわけではありません。総当たり攻撃で検査する選択肢の多くは、ナップサックにまだたくさん収納できる余裕があるので、ほかにもっと優れた選択肢があることはあきらかです[†6]。次に、できるだけ多数の解の候補を効率的に破棄することで、ある解の探索を最適にする戦略を学びます。

3.4 バックトラック戦略

チェスの経験はありますか。チェスは8×8の盤上で駒を動かし、敵の駒を攻撃します。クイーンは最強で、行、列、または対角線上の駒を攻撃できます。次の戦略は、誰でも知っているチェスの問題を取り上げます。

♛ 8個のクイーンパズル問題

盤上に8個のクイーンを互いに攻撃することを避けて配置するにはどうすればいいですか。

手動で解を探し出そうとすると、これがなかなか難問だということがわかると思

†6 ナップサックの問題は「2.3 指数関数」で取り上げた**NP完全**（NP-complete）クラスの問題です。戦略が何であれ、指数関数アルゴリズムでしか解けません。

います[†7]。図3-6は、クイーンを平和裏に配置する手段の例です。

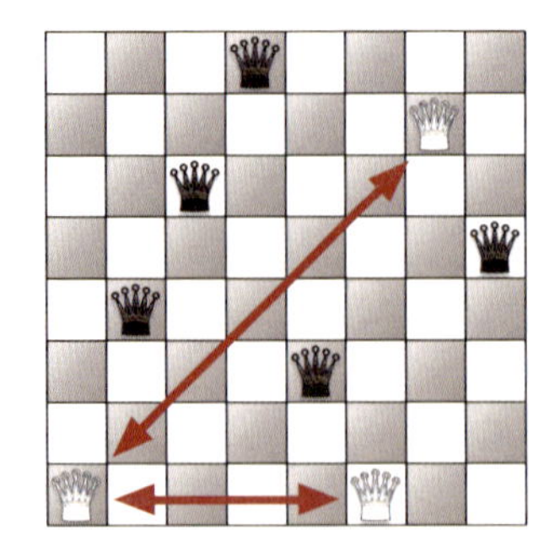
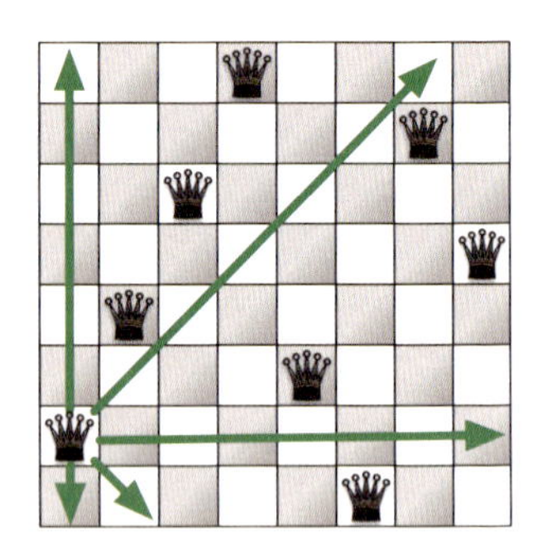

図3-6：左側の左下のクイーンは別のクイーンを攻撃するが（赤）
彼女を上に動かすと衝突がない（緑）

「1.3　カウント」で確認したように、チェス盤上の8個のクイーンの配置は**40億**以上のパターンがあります。この問題をそのすべての可能性を調べる総当たり作戦で解こうとするのは無理がありすぎます。たとえば、最初の2個のクイーンが互いを攻撃する位置に置かれたとしましょう。次のクイーンの配置場所がどこであろうと、この2個の配置場所から導かれる解はありません。しかし、総当たり戦略では、このような外れのクイーン配置もすべて処理するので時間を浪費します。

生き残る可能性があるクイーン配置だけを調べるほうが効率的です。最初のクイーンはどこにでも置くことができます。クイーンは既存のクイーンの攻撃範囲に配置することはできませんので、次のクイーンの配置は既存のクイーンによって制限されます（次のクイーンが置けるのは図3-7の緑のマスのみ）。この決まりに従ってクイーンを配置していくと、8個のクイーンすべてを配置する前に、盤上に新しいクイーンを配置することができなくなる可能性もあります。

これは直前のクイーンの配置が誤っていたことを意味します。したがって、前回の配置を取り消し、探索を続行します。この処理を**バックトラック**（backtrack）と呼びます。バックトラック戦略の本質は、クイーンを正しい位置に配置し続けることです。行き詰まったら、直前のクイーンの配置を取り消し、別の配置で続けます。この手続きは再帰処理で簡潔に表現できます。

---

†7　8個のクイーンパズルはオンライン（https://code.energy/8-queens-problem）で試すことができます。

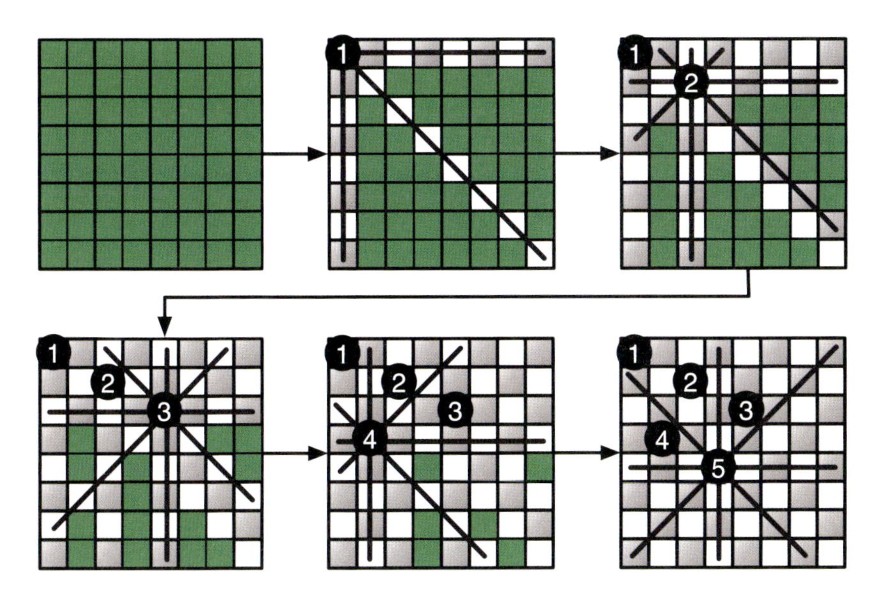

図3-7：クイーンを置くことで、次のクイーンのために場所が制限される

```
function queens(board)
    if board.has_8_queens
        return board
    for each position in board.unattacked_positions
        board.place_queen(position)
        solution ← queens(board)
        if solution
            return solution
        board.remove_queen(position)
    return False
```

盤上に8個のクイーンがなければ、次のクイーンを配置できるすべての位置に対して、同じ処理を繰り返し行います。再帰処理は、これらの各位置へのクイーンの配置が解としてあり得るかの検査に使います。この手続きがどのように動作するかを図3-8に示します。赤の矢印がバックトラック、赤のマスが間違った配置を意味します。

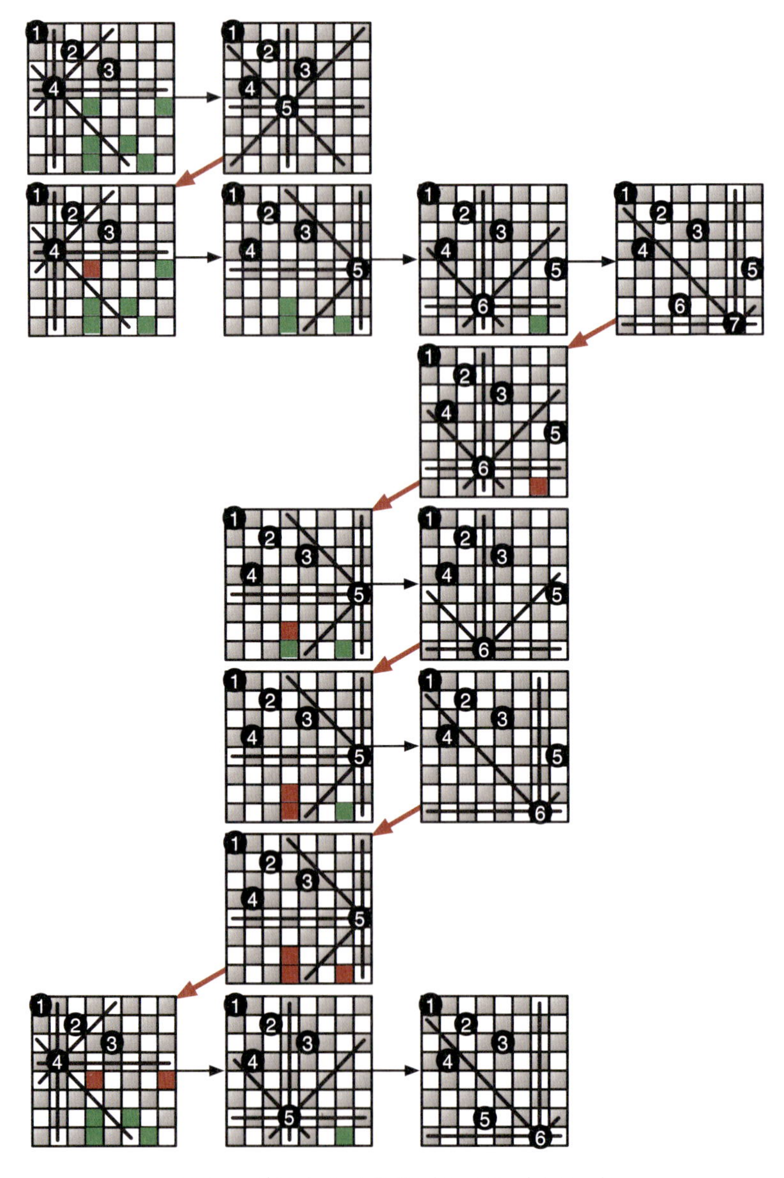

図3-8：8個のクイーン問題におけるバックトラック

バックトラックは、解が選択の連続であり、選択を続けると後続の選択肢が制限される問題で一番効果的です。選択したものが、目的の解を実現できないことを速やかに識別すれば、すぐに後戻りし、別の選択肢を試すことができます。要するに、「**さっさとたくさん失敗しろ**」を具現する戦略です。

3.5　発見的解法

標準のチェスでは、6種類の32個の駒と、駒を動かすことができる64個のマスがあります。最初のたった4回の動きの後ですら、すでに2880億通りの配置パターンがあるので、世界最強のチェス選手であっても最適手を探し出すことはできません。彼らは直感に頼って、**十分満足できる**一手を探し出します。アルゴリズムでも同じことができます。**発見的解法**（heuristic method、あるいは単にheuristic）は、最高または最適であることを保証するものではないものの、ある解を導く手法です。発見的解法は、総当たり戦略、バックトラックなどの手法が遅すぎるときに有効です。たくさんの一風変わった発見的解法がありますが、ここではバックトラックするのではなく、単純さに着目します。

欲張り戦略

欲張り戦略は、発見的解法として最も一般的です。欲張り戦略は、以前の選択に戻ることは決してありません。バックトラックの反対です。各段階で最善の選択をしようと試みます。後でこの選択に疑問を持ってはいけません。この戦略を使って、少し条件を付けたナップサック問題（「3.3　総当たり攻撃」）を解決してみましょう。

悪のナップサック問題

欲張り泥棒が屋敷に忍び込み、商品を盗みます。泥棒はナップサックで盗んだ商品を運ぶことにしました。彼は何を盗むでしょうか。また、犯行にかかる時間が短ければ短いほど、捕まる可能性が下がることに留意してください。

この問題の最適解は、本質的にはナップサック問題と同じであるべきですが、盗まれる商品のあり得るすべての選択肢を計算する時間も、何度もバックトラックしてナップサックに詰めた商品を取り除く時間もありません。欲張りの泥棒は値段が高い順に商品をナップサックが溢れるまで詰め込み続けるでしょう。

```
function greedy_knapsack(items, max_weight)
    bag_weight ← 0
    bag_items ← List.new
    for each item in sort_by_value(items)
        if max_weight ≥ bag_weight + item.weight
            bag_weight ← bag_weight + item.weight
            bag_items.append(item)
    return bag_items
```

このプログラムは、ある段階での選択が将来の選択にどのように影響するかを考慮しません。欲張り戦略は、総当たり攻撃よりもはるかに高速に商品の選択を行いますが、しかし、あり得る最高の総価値を選択するという保証はありません。

計算論的思考では、欲張り戦略は悪の罪業だけではありません。正直者の貿易商でも欲張って、詰め込んだり、行商したりしたいこともあるでしょう。

再び、巡回セールスマン問題

あるセールスマンは、nか所の街を訪れる必要があり、出発した街に戻って来なければなりません。移動距離の合計を最小にする行商計画はどれですか。

「1.3　カウント」で取り上げたように、街の数がそれほど多くなくても、考慮対象となる街の順列数は激増します。数千もの街を巡回するセールスマン問題に対する最適解の探し方は極めて高コストであり、事実上実行不可能です[†8]。しかし、依然として経路は必要です。この問題に対する、欲張りアルゴリズムの基本は次の通りです。

- 未訪問の街のうち最も近いところを訪れる。
- すべての街を訪れるまで繰り返す。

欲張り戦略より優れた発見的解法を思い付くことができるでしょうか。これはコンピュータサイエンス領域で積極的に研究されている課題です。

---

†8　巡回セールスマンの問題は、「2.3　指数関数」で扱ったようにNP完全クラスで、指数関数アルゴリズムより優れた最適解を探し出すことはできません。

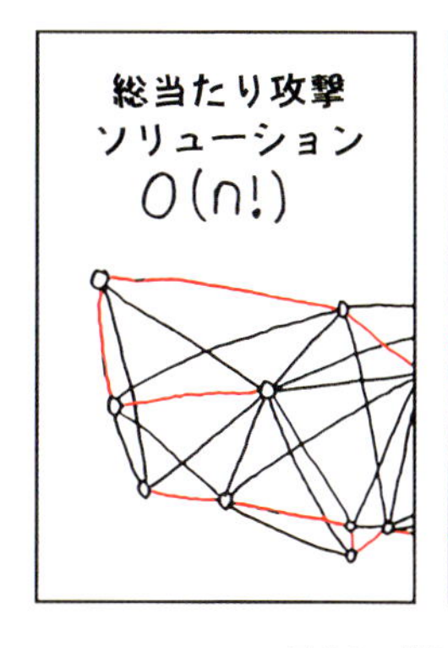

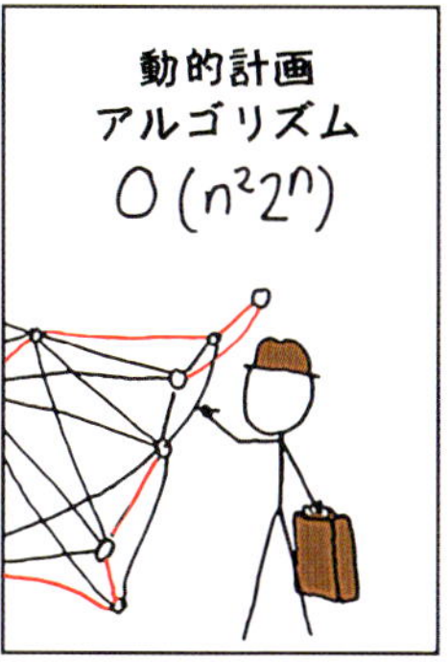

図3-9：巡回セールスマン問題（http://xkcd.comより）

欲張り戦略が総当たり戦略を凌ぐ場合

古典的アルゴリズムの代わりに発見的解法を選ぶのは妥協です。ナップサックとか巡回経路の問題で、最適解にどのくらい近ければ妥協できるでしょうか。これらは適宜選択する必要があります。

ただし、最適解が絶対必要だとしても発見的解法を無視するべきではありません。発見的解法でも最善の解法を導くことができることもあります。例として、最強の総当たり攻撃と同じ解を体系的に探し出す欲張りアルゴリズムを開発してみます。次の問題で、これがどのように機能するかを見てみましょう。

⚡電力系統問題

ある辺境の集落群には電気がありません。いま、ある集落が発電装置を建設しています。発電装置のある集落から電気がない集落まで、電線を接続すれば電気を配給できます。すべての集落に電気が行き渡るように、最短の電線で集落を接続し電力系統を構築してください。

この問題は次のように簡単に解決できます。

1. 電気のない集落群の中から、電気のある集落に最も近い集落を1つ選び、これら2点を接続する。

2. すべての集落に電力が届くまで、この手順を繰り返す。

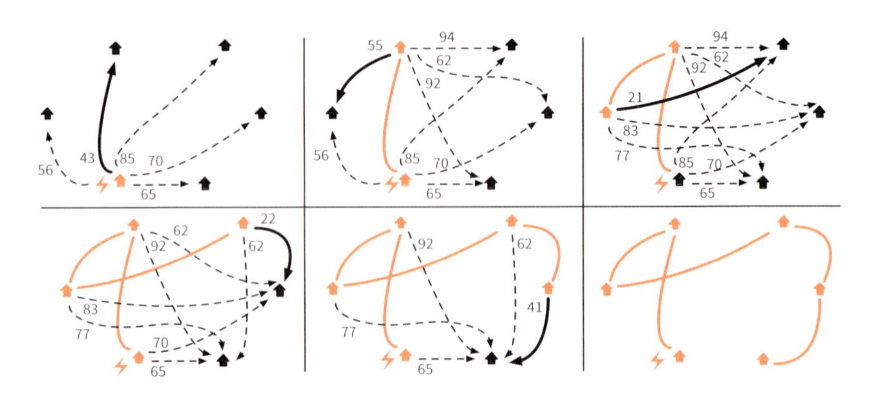

図3-10：欲張り戦略で電力系統問題を解く

各段階で、現時点で最善と思われるものを考慮し、接続する集落を選択します。この選択が将来の選択肢にどのような影響を与えるかを調べることはないにしろ、最も近い集落と接続することは常に正しい選択です。この問題の構造は、欲張りアルゴリズムで解決するのに適していたので、今回は幸運でした。次節では、ある卓越した将軍の戦略に適した問題の構造を見ていきます。

3.6 分割統治法

どんな難敵であっても、いったん問題を小分けにすれば、簡単に克服できます。シーザーもナポレオンも、敵を分け、征服することによってヨーロッパを統治しました。同じ戦略を使うことで、特に**最適部分構造**（optimal substructure）を有する問題を打破できます。最適部分構造の問題は、類似の、より小さい部分問題に分割することができます。部分問題が簡単に解ける段階まで、繰り返し分割していくことができるのです。次に、もとの問題の解を得るために部分問題解を組み立てていきます。

分割統治によるソート

大きめのリストをソートしたい場合、リストを半分に分割できます。半分にされたリストはソートの部分問題として処理します。最終的に、単独のソート済みのリストにするには、mergeアルゴリズムを使って、部分問題の解（半分のソート済みのリスト）から単独のリストに結合します[†9]。しかし、2つの部分問題は、どのようにソートすればよいでしょうか。各部分問題はそれ自体をさらに部分問題（**部分**部分問題）に分割し、ソートし、結合します。新しい**部分**部分問題も分割し、ソートし、結合します。分割は基底状態となるまで続けられます。この場合の基底状態は1要素からなるリストです。1要素からなるリストはすでにソート済みです。

```
function merge_sort(list)
    if list.length = 1
        return list
    left ← list.first_half
    right ← list.last_half
    return merge(merge_sort(left), merge_sort(right))
```

この美しい再帰アルゴリズムは**マージソート**（marge sort）と呼ばれています。フィボナッチ数列（「3.2　再帰処理」）同様、merge_sort関数が自身を何回呼び出すかを知るには再帰木が有効です。

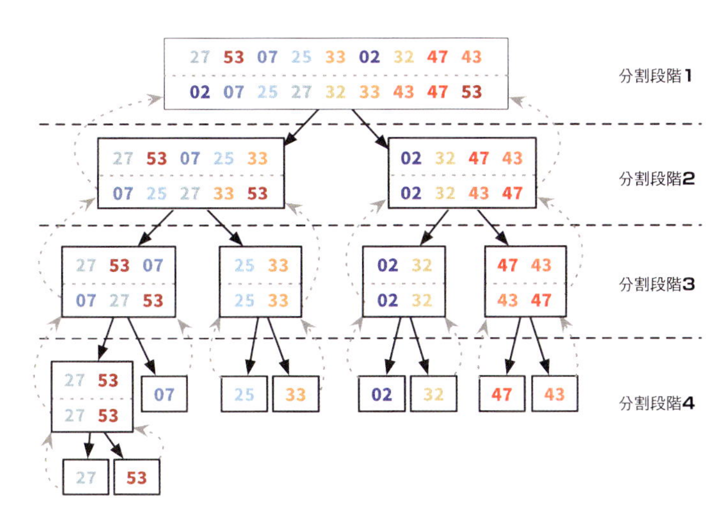

図3-11：マージソートの実行例
（四角は個々のmerge_sort呼び出しで、上段がソート前、下段がソート後）

†9　本章の最初に扱ったアルゴリズム（「3.1　反復処理」）を使います。

マージソートの時間計算量を確認してみましょう。最初に、個々の分割段階で生成された演算をカウントします。次に、合計でいくつの分割段階があるかをカウントします。

●演算数のカウント

大きさnの、大きめのリストがあるとします。merge_sort関数は呼び出されると次の演算を実行します。

- リストを半分に分割する。これはリストの大きさには関係ないので、$\mathcal{O}(1)$。
- merge関数は「3.1　反復処理」で示したように$\mathcal{O}(n)$。
- 2つのmerge_sortの再帰呼び出しは、ここでは**未カウント**†10。

支配項を確認し、再帰呼び出しはカウントしませんので、この関数の時間計算量は$\mathcal{O}(n)$です。次に各分割手順の時間計算量をカウントしましょう。

分割段階1：merge_sort関数はn要素のリストに対して呼び出される。この段階の時間計算量は$\mathcal{O}(n)$である。

分割段階2：merge_sort関数は$n/2$要素に対して、各2回呼び出され、時間計算量は$2 \times \mathcal{O}(n/2) = \mathcal{O}(n)$である。

分割段階3：merge_sort関数は$n/4$要素に対して、各4回呼び出され、$4 \times \mathcal{O}(n/4) = \mathcal{O}(n)$である。

⋮

分割段階x：merge_sort関数は$n/2^x$要素に対して、各2^x回呼び出され、$2^x \times \mathcal{O}(n/2^x) = \mathcal{O}(n)$である。

各分割段階はすべて同じ計算量$\mathcal{O}(n)$であり、マージソートの時間計算量は$x \times \mathcal{O}(n)$で、xはすべての実行に要する分割段階の数です†11。

---

†10　再帰呼び出しで実行される演算数は次の分割段階でカウントします。

†11　xは定数ではないので、これを無視することはできません。リストの大きさnが2倍増すと、分割段階が1回追加され、nが4倍であれば、2回の分割段階が追加されなければなりません。

●段階数のカウント

xをどのように評価すればいいでしょうか。再帰関数は基底状態にぶつかった時点で自身の呼び出しを止めることがわかっています。今回の基底状態は要素が1個だけのリストですから、$n/2^x$のリストではx回の分割手順があることがわかります。したがって、xは次の通りです。

$$\frac{n}{2^x} = 1 \quad \rightarrow \quad 2^x = n \quad \rightarrow \quad x = \log_2 n$$

$\log_2$関数が苦手だとしても怖がる必要はありません。$x = \log_2 n$は$2^x = n$を単に書き直しただけです。プログラマは対数（log）成長を溺愛します。ソートしたい要素の総数に対して、要する分割段階数がどのぐらいゆっくりと増加するか、見てみましょう[†12]。

表3-1：対象の要素数に対して要する分割段階数

対象の大きさ（n）	$\log_2 n$	要する分割段階数
10	3.32	4
100	6.64	7
1,024	10.00	10
1,000,000	19.93	20
1,000,000,000	29.89	30

マージソートの時間計算量は$\log_2 n \times \mathcal{O}(n) = \mathcal{O}(n \log n)$ですから、選択ソートの$\mathcal{O}(n^2)$に対して劇的に改善しています。前章の図2-4での対数線型のアルゴリズム$\mathcal{O}(n \log n)$と2次アルゴリズム$\mathcal{O}(n^2)$との性能の差を思い出してください。いかにコンピュータが高速だったとしても$\mathcal{O}(n^2)$アルゴリズムの処理には、普通のコンピュータが$\mathcal{O}(n \log n)$アルゴリズムを処理するよりも時間がかかります。

†12　対象数を、各段階で定数によって割ることで、段階的に減らす手続き（アルゴリズム）はどれでも、対象すべてを減らし切るまでに対数の段階数を踏みます。

表3-2：大きめの対象では、遅いコンピュータ上の$\mathcal{O}(n \log n)$アルゴリズムのほうが1,000倍速いコンピュータの$\mathcal{O}(n^2)$アルゴリズムよりも速い

対象の大きさ	2次	対数線型
196（世界の国数）	38ミリ秒	2秒
44K（世界の空港数）	32分	12分
171K（英語辞書の単語数）	8時間	51分
1M（ハワイ州の人口）	12日	6時間
19M（フロリダ州の人口）	11年	6日
130M（いままでに出版された書籍数）	500年	41日
4.7G（インターネット上のWebページ数）	70万年	5年

●宿題

対数線型と2次アルゴリズムのソートアルゴリズムを書き、各種の大きさの順不同の並びのリストをどのように処理するかを比較してください。大きい対象に対して、こうした計算量の改善が重要です。次に、総当たり攻撃を試みた問題を分割統治法で試してみましょう。

分割統治による取引き

分割統治法は、最善取引問題（「3.3　総当たり攻撃」）に対しても、総当たり攻撃法より優れた戦略です。金の価格の履歴を半分に分割すれば、前半と後半で最善の取引きを探し出すという、2つの部分問題にすることができます。

すべての期間での最善取引は以下のいずれかです。

1. 前半での売買の最善の取引。
2. 後半での売買の最善の取引。
3. 前半で買い、後半で売った最善の取引。

最初の2件は部分問題の解法です。3件目は、前半の最低価格で買い、後半の最高価格で売るというもので、これは容易に探し出すことができます。単に1日だけの期間の場合の取引は同日に買って、売ることだけですから、この利得は0です。

```
function trade(prices)
    if prices.length = 1
        return 0
    former ← prices.first_half
    latter ← prices.last_half
    case3 ← max(latter) - min(former)
    return max(trade(former), trade(latter), case3)
```

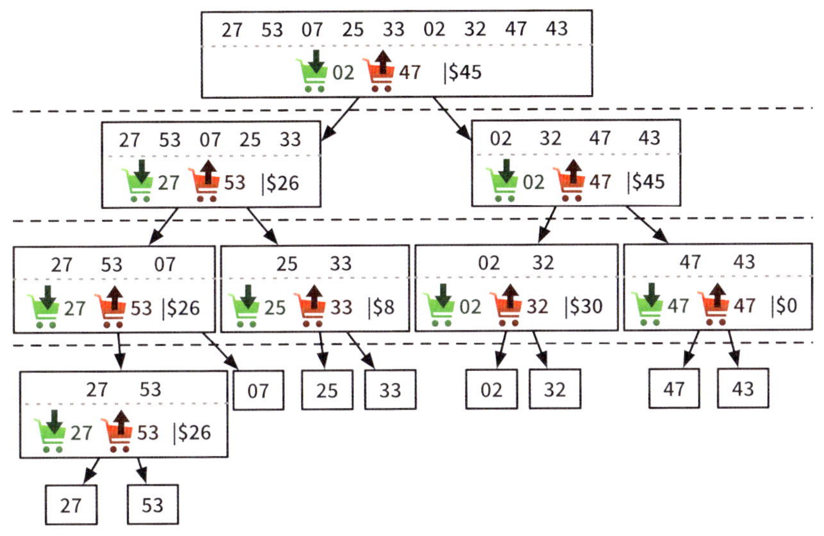

図3-12：tradeの実行例
（四角は個々のtrade呼び出しで、上段が価格の履歴、下段が最善取引および利得）

tradeが呼び出されると、いくつかの単純演算（比較演算および分割演算）を行った後、各部分（前半と後半）に対する最大値と最小値を探し出します。n個の要素の最大値または最小値の探索には、n個の要素の各々を調べる必要があり、個別のtrade呼び出しのコストは$\mathcal{O}(n)$です。

図3-12のtradeの再帰木は、図3-11のマージソートの再帰木に非常に似ていることに気が付きましたか。この場合、$\log_2 n$回の分割段階があり、各分割段階のコストは$\mathcal{O}(n)$です。したがって、tradeのコストは$\mathcal{O}(n \log n)$であり、先の総当たり攻撃の$\mathcal{O}(n^2)$に対して大幅に改善されています。

分割統治による荷造り

「3.3　総当たり攻撃」で取り上げた「ナップサック問題」も分割統治法で処理することができます。私たちは選択対象のn個の商品を持ってことを思い出してください。各要素の特性を次のように列挙します。

- w_i：i番目の要素の重さ。
- v_i：i番目の要素の価値。

添字iは1からnまでのいずれかの値です。容量cのナップサックに対して、n個の商品から選択した最大価値を$K(n, c)$とします。ここで、$i = n + 1$の追加の商品を考慮すれば、最大価値を改善できるかもしれません。最大価値は次の大きいほうです。

1. $K(n, c)$：追加の商品を選択する前。
2. $K(n, c - w_{n+1}) + v_{n+1}$：追加の商品を選択した後。

1は追加する商品が未選択の状態です。2は追加の商品を収納し、代わりに、すでに選択した商品の中から、この重さに相当するだけの商品を取り除いた状態です。これは、n個の商品に対する解は$n - 1$の商品に対する部分解の大きいほうとして定義できるという意味です。

$$K(n, c) = \max(\, K(n-1,\, c),\\ K(n-1,\, c - w_n) + v_n)$$

この再帰式は再帰アルゴリズムに簡単に変換できます。図3-13は再帰手続きがこの例題をどのように解決するかを示しています。この図から、この手続きで同じ部分問題が複数回計算されることがわかるように、同じ箱が複数現れた場合、ハイライト表示されています。次に、これらの繰り返し行われる計算を回避することにより性能を上げる手法を学びましょう。

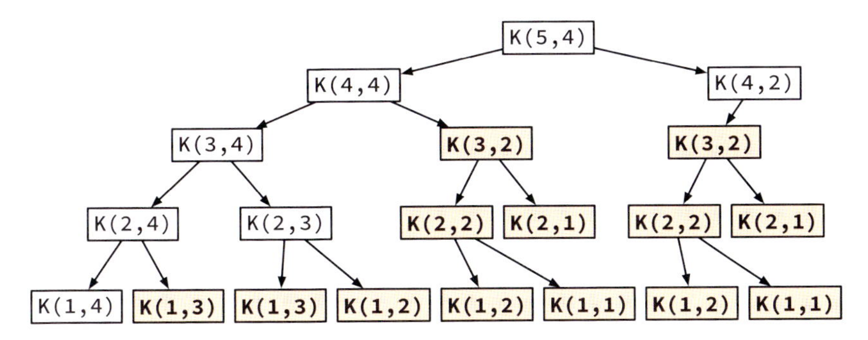

図3-13：商品数5、容量4のときのナップサック問題（4番と5番の商品の重さは2、残りの重さは1）

3.7 動的計画法

ある問題を解くとき、同じ計算が複数回実行されることがあります[†13]。**動的計画法**（dynamic programming）では、繰り返される部分問題を識別し、1回だけ計算するようにします。これを行うには暗記法（memorizing）に類似した技法が一般的です。英語ではスペルも類似しています。

フィボナッチ数のキャッシュ

フィボナッチ数を計算するアルゴリズムを思い出してください。図3-3の再帰木では`fib(3)`が複数回計算されています。`fib`の計算結果を保存し、計算結果がまだ保存されていないときだけ、`fib`呼び出しを行うようにすることで、この無駄を修正することができます。部分計算を再利用するこの技法は**キャッシュ**（caching）あるい**メモ化**（memorization）と呼ばれています。これは`fib`関数の性能を押し上げます。

```
M ← [1 ⇒ 1; 2 ⇒ 2]
function dfib(n)
    if n not in M
        M[n] ← dfib(n-1) + dfib(n-2)
    return M[n]
```

†13 これが生じる問題は**重複した部分問題**（overlapping subproblem）を有すると呼びます。

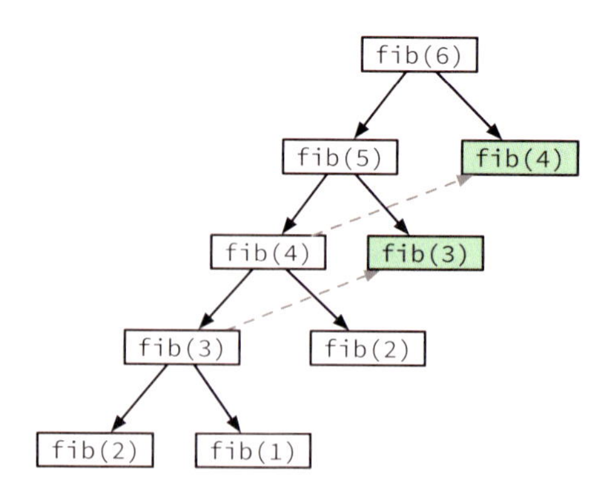

図3-14：dfibの再起木（緑の箱は再計算を行わない呼び出しを示す）

ナップサック問題のキャッシュ

図3-13のナップサック問題の再帰木では、同じ呼び出しが繰り返し複数回行われていることは明らかです。フィボナッチ関数で使用したのと同じ手法を使い、これらの再計算を回避し、結果的に計算を減らします。

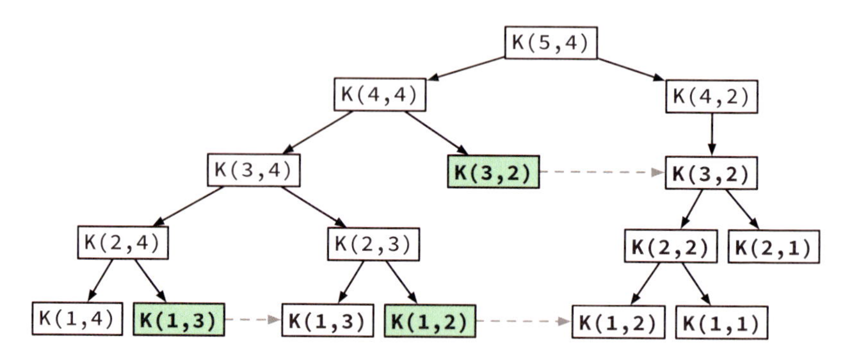

図3-15：キャッシュを使って、ナップサック問題を再起的に解く

動的計画法は非常に遅いプログラムを適度に速いプログラムに変換できます。繰り返し行われる計算から開放するため、アルゴリズムを慎重に解析してください。次に、重複した部分問題を探し出す秘訣を見ていくことにしましょう。

ボトムアップ戦略での最善取引

図3-12の`trade`の再帰木には同じ呼び出しが繰り返されることはありませんが、しかし、まだ同じ計算が繰り返し行われています。まず、最大値と最小値を探し出すために対象データを走査します。対象データは半分に分割され、この分割された半分に対して、再度、最大値と最小値を探し出すための走査が再帰呼び出しによって行われているのです[†14]。この繰り返しの走査を回避するために、これまでとは異なる試みが必要です。

ここまでは、基底状態に達するまで対象データを減らすという、いわゆる**トップダウン**（top-down）戦略に頼っていました。しかし逆に、最初に基底状態を計算し、汎用の解法に到達するまで、何度も何度もこれらを組み立てるという**ボトムアップ**（bottom-up）戦略を取ることもできます。この手法で、「3.3　総当たり攻撃」で取り上げた最善取引問題を解いてみましょう。

n日目の価格を$P(n)$とし、n日目に売る場合、買うのに最善の日を$B(n)$とします。1日目に売る場合、1日目にのみ買うことができるので、$B(1)$は1です。しかし、2日目に売る場合、$B(2)$は1か2です。

- $P(2) < P(1) \rightarrow B(2) = 2$　　（2日目に買って売る）
- $P(2) \geq P(1) \rightarrow B(2) = 1$　　（1日目に買って、2日目に売る）

3日目の前日（3日目**ではなく**）までの最低価格の日は$B(2)$ですから$B(3)$は次のように表現できます。

- $P(3) < B(2)$の日の価格$\rightarrow B(3) = 3$
- $P(3) \geq B(2)$の日の価格$\rightarrow B(3) = B(2)$

4日目の**前日まで**の最低価格の日は$B(3)$です。実際には、すべてのnに対して、$B(n-1)$はnの前日までの最低価格の日です。これを使って、$B(n-1)$で$B(n)$を次のように表現できます。

---

†14　部屋の中にいる男女のうち、高身長の男性と女性、さらに一番背の高い人を探すとします。このとき、一番背が高い人を探すために全員を測定し、また一番背が高い男性と女性を探すために、全男性と全女性を測定するでしょうか。

$$B(n) = \begin{cases} n & P(n) < P(B(n-1)) \text{の場合} \\ B(n-1) & \text{残りの場合} \end{cases}$$

対象のすべての日nに対し、$[n, B(n)]$の対をすべて準備すれば、解は最高の利得を上げる対です。このアルゴリズムは、すべてのBの値のボトムアップに計算することで、この問題を解きます。

```
function trade_dp(P)
    B[1] ← 1
    sell_day ← 1
    best_profit ← 0

    for each n from 2 to P.length
        if P[n] < P[B[n-1]]
            B[n] ← n
        else
            B[n] ← B[n-1]

        profit ← P[n] - P[B[n]]
        if profit > best_profit
            sell_day ← n
            best_profit ← profit

    return (sell_day, B[sell_day])
```

このアルゴリズムは、対象のリストの要素ごとに、固定数の単純演算を実行するだけですから、コストは$\mathcal{O}(n)$です。これは、先に示した$\mathcal{O}(n \log n)$のアルゴリズムから大幅に性能が改善していますし、$\mathcal{O}(n^2)$の総当たり戦略に比べて劇的に向上しています。補助配列Bは対象と同数の要素を有しているので、$\mathcal{O}(n)$空間を消費します。附録IVでは、$\mathcal{O}(1)$空間のアルゴリズムを作成することで、コンピュータのメモリを節約する手段を参照できます。

3.8 分枝限定法

多くの問題は、最短経路を探し出したり、最大の利得を上げるといった、目標値を最小あるいは最大にすることが目的です。これらの問題は**最適化問題**（optimization problem）と呼ばれます。解が選択の連続であるとき、**分枝限定法**（branch and bound）と呼ばれる戦略を多用します。この戦略では、悪い選択肢を素早く特定し、破棄することで、時間を稼ぎます。悪い選択肢をどのように特定するかを理解するために、最初に上限と下限の概念を学びましょう。

上限と下限

限定とは、ある値の範囲を指します。**上限**（upper bound）は、値をどれだけ高くすることができるかという制限を設定し、逆に**下限**（lower bound）はその値として期待される最低の値であり、値はこの下限以上であることが保証されます。

多くの場合、最短ではないけれど短い経路とか、最大ではないけれど大きめの利得など、次善の解であれば簡単に得られます。これらの次善解は最適解へと導く限定を提供します。たとえば、2地点の最短経路は、これら2地点の直線距離より短いことはありません。したがって、直線距離は最短距離の下限です。「3.5　発見的解法」で紹介した「悪のナップサック問題」の、`greedy_knapsack`関数によって与えられる利得は最適利得の下限です（これが最適利得に近いかどうかはわかりません）。ナップサック問題で、すべての商品が粉末状であり、ナップサックの中に自由に詰め込めると仮定しましょう。これであれば、価格重量比が最大の要素を詰めるという、欲張り戦略で単純に解決できます。

```
function powdered_knapsack(items, max_weight)
    bag_weight ← 0
    bag_items ← List.new
    items ← sort_by_value_weight_ratio(items)
    for each i in items
        weight ← min(max_weight - bag_weight, i.weight)
        bag_weight ← bag_weight + weight
        value ← weight * i.value_weight_ratio
        bagged_value ← bagged_value + value
        bag_items.append(item, weight)
    return bag_items, bag_value
```

実際には商品は粉末状ではないという制約があり、最後に追加する商品の代わりに価値が低い商品を取り除くため、あり得る最高の利得はここから減るだけです。したがって、powdered_knapsackが粉末状ではない商品での最高の利得の上限であることを意味します[†15]。

ナップサック問題での分枝限定法

ナップサック問題の最適利得を探し出すには、贅沢にも$\mathcal{O}(2^n)$の計算が必要だという話をしました。しかし、powdered_knapsackとgreedy_knapsackを使用すれば、最適利得の上限と下限を素早く入手することができます。ナップサック問題の例題でこれを試してみましょう。

商品	値段	重さ	価格重量比	最大の許容量
A	20	5	4.00	
B	19	4	4.75	
C	16	2	8.00	10
D	14	5	2.80	
E	13	3	4.33	
F	9	2	4.50	

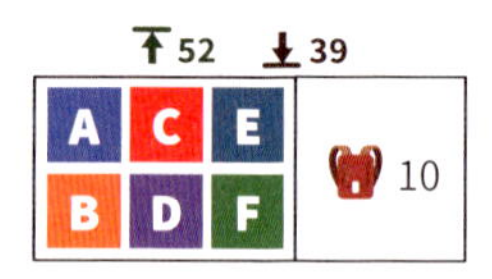

右図は、ナップサックに商品を詰める前の状態を示しています。図の左の箱は、対象の商品群を示し、右の箱は空き容量および現在収納されている商品を示しています。greedy_knapsackは利得39を算出し、powdered_knapsackは利益52.66を算出します。これは、最適利得が39から52の間のどこかにあることを意味します。「3.6　分割統治法」では、n個の商品での、この問題は$n-1$の商品を有する2つの部分問題に分割できることを学びました。第1の部分問題（左側）は商品Aを選んだとして考察し、第2（右側）はAを**除いた**として考察します。

†15　このように問題からの制約を取り除く技法は**緩和法**（relaxation）と呼ばれています。多くの場合、これは最適化問題での限定を計算するために使われます。

この2つの部分問題で、上限と下限を計算します。右側の下限が48であるため、これで最適解は48から52の間だとわかります。先に、もうすこし限定を進めて、右側の部分問題を調べてみましょう。

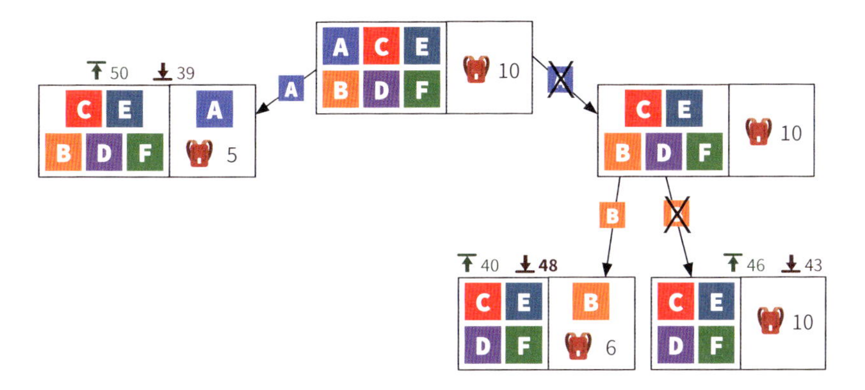

この段階では、一番左側の部分問題が最も期待できる上限を有します。この部分問題を分割し、探査を継続しましょう。

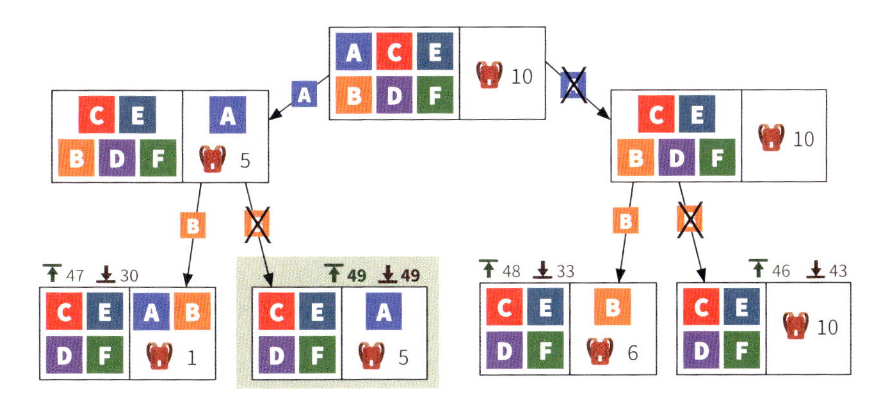

これで、結論を導き出すことができました。ハイライト表示された部分問題は下限49を有し、またこれは上限と同じです。この部分問題から最適利得は**厳密**に49であることがわかります。さらに、49は探査を保留している部分問題のほかすべての枝葉の上限よりも大きいことに着目してください。これは、49より優れた利得を出すことができる部分問題はなく、この探索からこれらの枝葉を取り除くことができることを意味します。

上限と下限を賢く利用することで、最小限の計算量で最適利得を探し出すことができます。この場合、可能性を探査し、動的に探索空間を改変しています。要約すると、ここでは分枝限定法は次のように動作します。

1. 問題を複数の部分問題を分割する。
2. 各部分問題の上限と下限を探し出す。
3. すべての枝葉の部分問題の限定を比較する。
4. 最も期待できる部分問題で1に戻る。

「3.4　バックトラック戦略」もあり得るすべての解の候補を探査することなしに解答を導き出したことを思い出したかもしれれませません。バックトラックでは、できる限り解の候補を探査した後、選択肢を削除し、さらにある解で妥協できるときは処理を止めます。分枝限定法では、どちらかの選択が最悪であるかを推定し、最悪の選択を調査する労力の浪費を避けます。

まとめ

問題解決とは、解決策の可能性を探り、正しい策を見つけることです。本章では、問題解決のためのいくつかの手法を学びました。探索すべき要素を1つ1つすべて検査する総当たり戦略が最も単純です。

また、劇的に性能向上を得るため、体系的に問題を小さく分割する手法も確認しました。問題を分割し続けると、同じ部分問題を取り扱う必要も生じます。この場合、同じ計算の繰り返しを避けるため、動的計画法を使うことが重要です。

さらに、バックトラックがいくつかの種類の総当たり探索の効率をどのように改善するかも確認しました。上限または下限を推定することができる問題では、分枝限定法で解答を素早く探し出すために、限定を使う手法を確認しました。最適解を計算するためのコストが許しがたい場合には発見的解法が使われます。

　こういった戦略は、データを操作するためのものです。次章では、データをコンピュータのメモリ上に配置する各種の手法と、これらがデータ操作の性能にどのように作用するかを学びます。

参考文献

- Jon Kleinberg, Eva Tardos, “Algorithm Design”, Pearson new international ed, 2006
  - 『アルゴリズムデザイン』、Jon Kleinberg/Eva Tardos=著、浅野孝夫/浅野泰仁/小野孝男=訳、共立出版　2008年
- Umesh Vazirani, Christos H. Papadimitriou, Sanjoy Dasgupta, “Algorithms”, McGraw-Hill Education, 2006

CHAPTER 4

データ

優れたプログラマはデータ構造と結び付きに常に気を配っているよ。
— リーナス・トーバルズ

データの制御はコンピュータサイエンスにとって不可欠です。コンピュータでの処理手続きは、入力データから出力データへの変換を行うデータ操作で作り上げられています。しかし通常、アルゴリズムはこれらのデータ操作をどのように行うかまでは指定しません。「3.1　反復処理」の`merge`は、数のリストを作成したり、リストが空かどうかを検査したり、リストに要素を追加したりする、詳細不明の外部プログラムに依存しています。同様に、「3.4　バックトラック戦略」の`queens`アルゴリズムも、チェスの盤上での操作をどのように行うか、駒の位置がメモリ上にどのように格納されているかには配慮していません。

これらの詳細は**抽象表現**（abstraction）と呼ばれているものに隠されています。本章では次のことを学びます。

- ✨ **抽象データ型**（abstract data type）がプログラムをきれいにするか。
- 🛠 プログラミングのツールとしての**共同抽象概念**（common abstraction）を理解する。
- 🏗 メモリ上に**データを構成する**（structure data）各種の手法を知る。

しかし、これらを学ぶ前に、まずは「抽象表現」と「データ型」の意味を理解しましょう。

抽象表現

抽象表現は詳細を省略したもので、複雑すぎる物事の機能性を簡単に享受するためのインターフェイスです。自動車はダッシュボードの下に各種の仕組みを隠し、誰でも、特に何かの技術を理解する必要なく、簡単に車を運転できます。

ソフトウェアでは、**手続きの抽象表現**（procedural abstraction）は手続き呼び出し（関数呼び出し）の下に処理の複雑さを隠します。「3.6　分割統治法」の`trade`アルゴリズムでは、`min`と`max`の手続きは、どのように最大値と最小値を探し出すかを隠していますが、このおかげで、アルゴリズムを単純に表現できています。これらの抽象表現の1段階上の抽象表現として、次の例のように、面倒くさいさまざまな処理を単独の手続きで実行してくれる「モジュール」などを構築することもできます[†1]。

```
html ← fetch_source(https://code.energy)
```

これはたった1行で、Webサイトのソースコードを取り出します。この処理の内部の仕組みは実際には非常に複雑です[†2]。

データの抽象表現（data abstraction）は本章の中核に相当する話題です。データの抽象表現は、データの取り扱い処理の詳細を隠します。しかし、データ抽象表現がどのように働くかを理解する前に、データ型自体をきちんと理解しなければなりません。

データ型

各種のネジ、ボルト、クギといった留め具の種類を、ドライバ、レンチ、ハンマーなど実行する操作に応じて区別します。同様に、コンピュータのプログラムでも、**データの型**（type of data）を、実行する操作に応じて区別します。

たとえば、文字の位置で分割したり、大文字または小文字に変換したり、追加する文字を受け取ったりできるデータ変数は文字列型で、テキストを表現します。反

---

†1　**モジュール**（module）あるいは**ライブラリ**（library）と呼ばれるものは、汎用の処理手続きを提供するソフトウェアで、これらは必要に応じて、別のソフトウェアに取り込まれます。

†2　ドメイン名の解決、TCPネットワークソケットの作成、SSL暗号通信のハンドシェイク等を行う必要があります。

転されたり、XOR、OR、AND演算を受け取ったりできるデータ変数はブーリアン型で、TrueまたはFalseのいずれかの値を取ります。加算、除算、減算などを実行できる変数は数値型です。

すべてのデータ型には、特定の手続きの集合が関連付けられています。リスト(list)を格納する変数に機能する手続きは、集合(set)を格納する変数に機能する手続きとも、数値に対して機能するものとも違います。

4.1 抽象データ型

抽象データ型(Abstract Data Type：ADT)は、所定のデータ型に対して意味をなす操作群の仕様に相当します。ADTは所定の型のデータを格納した変数に対して機能するインターフェイスとして定義され、これらによってデータがメモリ上にどのように配置されているか、どのように操作されているかという詳細はすべて隠されます。

あるアルゴリズムがデータを操作する場合、データの読み書きをコンピュータのメモリに直接命令してはいけません。この場合は、ADTで定義された手続きを提供する外部のデータ取り扱いモジュールを使います。

リストを格納する変数を操作する例を取り上げると、リストを作成・削除したり、リストのn番目の要素を参照・削除したり、リストに新しい要素を追加したりするための手続きが必要です。リストのADTとは、これらの手続きの定義(名前と処理内容)です。リストに対する処理は、これらのADTの手続きに独占的に頼ることで、コンピュータのメモリを直接操作することは一切ありません。

ADTの長所

●単純である

ADTは、プログラムを単純にし、理解と修正を容易にします。データの取り扱い手続きから詳細を省略するので、大枠(要するにアルゴリズムの問題解決の手続き)に焦点を絞ることができます。

●柔軟である

データをメモリ上に構成する手法は複数存在するので、同じデータ型でも、データ処理モジュールが何種類か存在することもあります。そのため、現状を考慮して最善のものを選択しなければなりません。同じADTを実装するモジュールは、同じ手続きを提供します。したがって、データ処理モジュールを別のものに変更すれば、データを格納したり、操作したりする手法を変更することができます。これは、電気自動車であろうが、ガソリン自動車であろうが、運転のためのインターフェイスは変わらないということと同じです。自動車を運転できれば、誰でも簡単に別の自動車を運転できます。

●再利用できる

同じ型のデータ処理を必要とするプロジェクトであれば、同じデータ処理モジュールが使えます。たとえば、前章の`power_set`と`recursive_power_set`はいずれも集合を表現する変数を操作します。このとき、両アルゴリズムで同じ`Set`モジュールを使うことができます。

●整理できる

プログラムでは、通常、数値、テキスト、地理座標、画像等の各種データ型を操作します。プログラムを適切に整理するために、データ型ごとに、データ型固有のプログラムから構成されるモジュールを作成します。これを**関心の分離**（Separation of Concern：SoC）と呼びます。論理的に同じ特性を扱うプログラムコードはそれぞれ独立したモジュールにまとめてあることが理想です。別の機能性と絡みあってしまったプログラムは**スパゲッティコード**と呼ばれます。

●便利である

誰かによって作成されたデータ処理モジュールを取得し、ADTで定義されている手続きの使用法を学べます。もし新しいデータ型の変数を操作することになれば、すぐにこれらの手続きを使用できます。データ処理モジュールが内部でどのように働いているかを理解する必要はありません。

●枯れている

さまざまなケースで使用され、あらん限りの不具合（バグ）が修正されたデータ処理モジュールを使えば、そのプログラムはデータ処理に関してはバグがありません。また、あるデータ処理モジュールにバグを発見したとき、このバグを1箇所を修正するだけで、このバグに冒されているすべての箇所が瞬時に修正されます。

4.2 基本の抽象表現

計算問題を解くためには、使用するデータ型と実行する操作を理解することがとても重要です。また同様に、使用するADTを決めることも重要です。以下では、皆さんが知っているべき、よく知られた抽象データ型を示します。これらは、数々のアルゴリズムで使われ、多くのプログラミング言語に組み込まれています。

基本データ型

基本データ型（primitive data type）は、プログラミング言語にあらかじめ準備され、特に外部モジュールなしで使うことができます。通常、整数と浮動小数点数[†3]と、これらに対する加算、減算、除算といったの汎用演算があります。また、ほとんどのプログラミング言語では、テキスト、ブーリアン型等の単純データ型を変数に格納するための機能があらかじめ準備されています。

スタック

積み重ねられた書類の山を想像してください。山の一番上に紙を1枚置くこともできるし、一番上の紙を取ることもできます。最初に置かれた紙は必ず最後に取り除かれます。**スタック**（stack：積み重ね）は、積み重ねられた要素の山があり、一番上の要素に対してだけ操作を行う場合に使われます。一番上の要素は**常に**山に最後に積まれたものです。スタックの実装は次の2つの操作を最低限提供する必要があります。

---

†3 浮動小数点数は、小数を有する数値の表現としてよく知られています。

- **push(e)**：スタックの一番上に要素eを追加する。
- **pop()**：スタックの一番上の要素を取り出し、スタックから削除する。

「拡張版」のスタックは、スタックが空かどうかを検査したり、スタックの現在の要素数を取得したりするといった操作も提供します。

このようなデータ操作を**LIFO**（Last-In, First-Out：後入れ先出し）と呼びます。これはスタックに最後に積まれ、一番上にある要素を取り除くことだけを行います。スタックは重要で、多くのアルゴリズムに現れるデータ型です。テキストエディタで「undo（元に戻す）」機能を実装するには、作成したテキストの、すべての段階のバージョンをスタックにプッシュ（push）します。元に戻すときは、テキストエディタがスタックから最後のバージョンをポップ（pop）します。

再帰アルゴリズムなしにバックトラック（「3.4　バックトラック戦略」参照）を実装するには、スタック上の現在の場所に、選択肢の列を記録する必要があります。新しいノードを探索するとき、そのノードへの参照をスタックにプッシュします。戻るときは、どこに戻るかの参照を取得するため、単にスタックからポップします。

キュー

キュー（Queue：待ち行列）は、スタックの逆の働きをします。キューも、同様に要素の格納と取り出しに使われますが、取り出される要素は常に**先頭**のもの、要するにキュー上で最長で存在しているものだという点が、スタックとは違います。実生活におけるレストランの待ち行列を想像してください。キューの必須操作は次のものです。

- **enqueue(e)**：キューの末尾に要素eを追加する。
- **dequeue()**：キューの先頭の要素を取り出し、キューから削除する。

キューはデータを**FIFO**（First-In, First-Out：先入れ先出し）で扱い、キューに挿入された最初の（最も古い）要素が常に最初にキューから出ていきます。

キューも多くの計算処理で使われます。オンラインのピザ販売サイトを実装している場合、ピザの注文はキューに格納するでしょう。思考実験として、ピザレストランでキューの代わりにスタックを使って、注文を処理するように設計されていた場合、何が違うのか考えてみてください。

優先度付きキュー

優先度付きキュー（priority queue）は、キューに似ていますが、キューに入れられた要素には常に**優先度**が付いているところに違いがあります。病院で診察待ちの人々は優先度付きキューの実際の例です。緊急の場合は最優先でキューの先頭に直接行きますが、通常はキューの末尾に追加されます。次に優先度付きキューの操作を示します。

- **enqueue(e, p)**：キューに要素eを優先度レベルpに応じて追加する。
- **dequeue()**：キューの先頭の要素を取り出し、キューから削除する。

コンピュータには、実行中のプロセスが多数ありますが、これらを実行するCPUは1個（または数個）だけです。オペレーティングシステム（OS）は、優先度付きキューでこれらの実行待ちプロセスすべてを管理します。キューの中の各実行待ちプロセスには、優先度レベルが割り当てられます。OSはプロセスをデキュー（dequeue）して、少しの間だけ実行します。この後、プロセスがまだ終了していなければ、再度エンキュー（enqueue）します。OSはこれを繰り返し続けます。プロセスによっては、時間の影響を受け易く、目下のCPU時間を要するものもあれば、キューで長時間実行待ちをするものもあります。キーボードからの入力を取得するプロセスには、一般的には最高レベルの優先度を付与します。キーボードが応答を止めてしまうと、コンピュータがクラッシュしてコールドスタートしようとしていると思われるので、これはいいことでは**ありません**。

リスト

たくさんの要素を格納する際、もっと柔軟性が欲しいときもあります。たとえば、要素を自由に並べ直したり、任意の位置の要素にアクセスしたり、挿入したり、削除したりしたいといったことです。こういう場合、**リスト**（list）が便利です。リストADTは、以下の操作が一般的に定義されています。

- **insert(n, e)**：位置nに要素eを挿入する。
- **remove(n)**：位置nの要素を削除する。
- **get(n)**：位置nの要素を取得する。
- **sort()**：リストの要素をソートする。
- **slice(start, end)**：位置startから位置endまでの部分リストを返す。
- **reverse()**：リストを逆順にする。

リストは、一番使用されるADTの1つです。たとえば、あるシステムの中で最も頻繁にアクセスされるファイルへのリンクを格納する必要がある場合、リストは理想的で、表示する目的でリンクをソートしたり、また対応するファイルへのアクセス頻度を下げるため、リンクを自在に削除したりすることもできます。

ただし、リストの柔軟性が必要なければ、スタックあるいはキューを使うほうがいいでしょう。これら簡略型のADTを使用すれば、データが（FIFOあるいはLIFOで）厳密で堅牢に処理されることが保証されます。また、これによって簡単にプログラムを理解することができます。たとえば、変数がスタックであることがわかれば、データがどのように流れ入り、流れ出るかを理解できます。

ソート済みリスト

ソート済みリスト（sorted list）は、**常にソートされた**要素のリストを扱いたいときに役に立ちます。こうした場合には、リストへの挿入操作の前に正しい位置を計算する（あるいは、定期的に手動でソートする）代わりに、ソート済みリストを使います。ソート済みリストでの挿入操作では、リストは常にソートされた状態に維持されます。いずれの操作でも要素の並べ直しは許可されていませんので、リストは常にソートされていることが保証されています。ソート済みリストにはリストほど操作はありません。

- **insert(e)**：リストの正しい位置に要素eを挿入する。
- **remove(n)**：リストの位置nの要素を削除する。
- **get(n)**：リストの位置nの要素を取得する。

マップ

マップ（map）、別名**辞書**（dictionary）は、キーオブジェクトと値オブジェクトの2つのオブジェクト間の対応付けを格納するために使われます。キーでマップを探し、対応する値を取得します。たとえば、マップには、利用者のID番号をキーとして、氏名を値として格納することができます。次に、利用者のID番号を指定すると、マップは対応する氏名を返します。マップの操作は次の通りです。

- **`set(key, value)`**：キー（key）と値（value）を対応付けて追加する。
- **`delete(key)`**：keyと対応する値を削除する。
- **`get(key)`**：keyに対応付けられた値を取得する。

集合

集合（set）は、附録IIIで取り上げる数学での集合のように、**重複のない**要素の、順序のない集まりを表現します。格納する要素の順序に意味がない場合、または集まりの中の要素は1回以上出現することがないようにしたい場合、集合が使われます。集合の通常の操作は次の通りです。

- **`add(e)`**：要素eを集合に追加する。ただし、要素eがすでに集合に存在する場合はエラーを出す。
- **`list()`**：集合の要素をリストにする。
- **`delete(e)`**：集合から要素eを削除する。

これらのADTを使うと、ドライバが自動車のダッシュボードを使うのと同様に、プログラマとしてデータの相互作用を学ぶことができます。次節では、このダッシュボードの**裏側**で、ロジックがどのように配線されているかを理解していくことにします。

4.3 データ構造

抽象データ型は、所定のデータ型の変数がどのように操作されるかを描写しただけのものです。これは操作のリストを提示するのであって、実際のデータ操作が**どのように**行われるかは示していません。逆に、**データ構造**（data structure）は、データが**どのように**構成され、コンピュータのメモリ上で**どのように**アクセスされるかを描写します。これらは、データ処理モジュールでのADTの実装手段を提供します。

各種のデータ構造があるため、ADTの実装手段も複数あります。効率のよいプログラムを作成するには、必要に応じて最も適したデータ構造のADT実装を選ぶことが不可欠です。以下では、各種のデータ構造を示し、長所と短所を学びます。

配列

配列（array）は、コンピュータメモリ上に要素を格納する手段としては一番単純です。配列は、コンピュータメモリ上に連続した領域を確保し、この領域に要素を順番に書き込み、要素の列の最後として特別のNULLトークンを付けることで構成されます。

配列の各オブジェクトは、メモリ上に同じ量の領域を占有します。メモリのアドレスsから始まり、各要素がbバイトを占める配列を想像してみてください。配列のn番目の要素はメモリ上で位置$s + (b \times n)$からbバイトを取り出すことで取得できます。

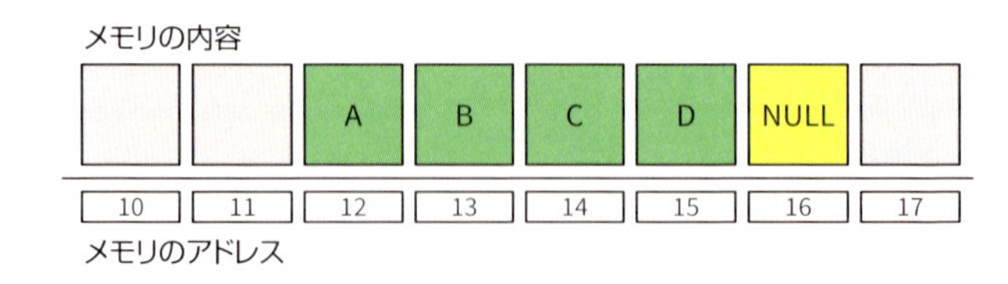

図4-1：コンピュータメモリ上の配列

この計算によって、配列の任意の要素に**すぐ**にアクセスできます。配列は特にスタックを実装するのに適していますが、リストとキューを実装するためにも使うことができます。配列は簡単にプログラムとして実装でき、即座に要素にアクセスできるという長所があります。しかし、配列にも短所があります。

メモリ上に、あまりに大量の連続した領域を確保することは現実的ではありません。また配列を拡張しようとした場合、必要な空き領域が不足する恐れもあります。

真ん中あたりの要素を削除する際にも問題があります。削除した要素以降の**すべて**の要素を1個後に移動するか、削除した要素のメモリ領域に「dead」マークを付けるかする必要があります。しかし、これはどちらも褒められた手段ではありません。同様に、要素を追加するには、追加要素以降の**すべて**の要素を1個前に移動する必要があります。

連結リスト

連結リスト（linked list）では、要素は小さいメモリ領域であるセルの連鎖に格納されます。このとき、セルは連続したメモリアドレスでなくてもかまいません。必要に応じて、各セルのメモリが割り当てられます。各セルは、連鎖による次のセルのアドレスを示すポインタを持ち、空のポインタを持つセルは連鎖の終わりを示します。

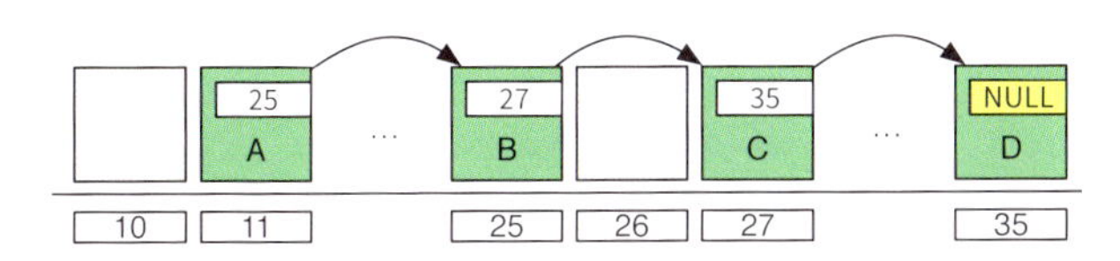

図4-2：コンピュータメモリ上の連結リスト

連結リストは、スタック、リストおよびキューの実装に使用できます。リストを拡張しようすることは問題ありません。各セルはメモリのいずれかの場所に格納できます。空きメモリの量だけ大きいリストを作成することができます。中程に要素を挿入したり、要素を削除したりすることも、セルのポインタの変更で簡単にできます。

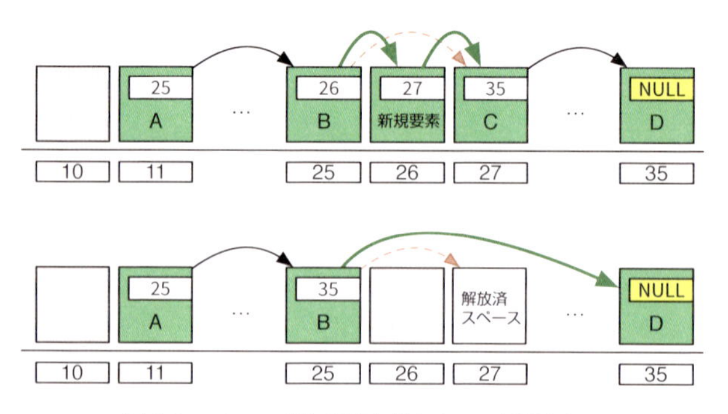

図4-3：BとCの間に要素を追加し、Cを削除する

連結リストにも欠点があります。連結リストでは、即座にn番目の要素に行き着くことができません。これを行うには、最初のセルを探し、次に2番目のセルのアドレスを取得し、次にこのセルを取得し、次のセルへのポインタを使って、ということをn番目のセルに到達するまで繰り返さなければなりません。単一のセルのアドレスだけが与えられた場合は、そのセルを削除したり、後に移動するのは簡単ではありません。別の情報がなければ、連鎖の後のセルのアドレスを知ることはできません。

双方向連結リスト

双方向連結リスト（double linked list）は拡張版の連結リストです。セルには、1つは前方のセル、もう1つは後方のセルへの、2つのポインタがあります。

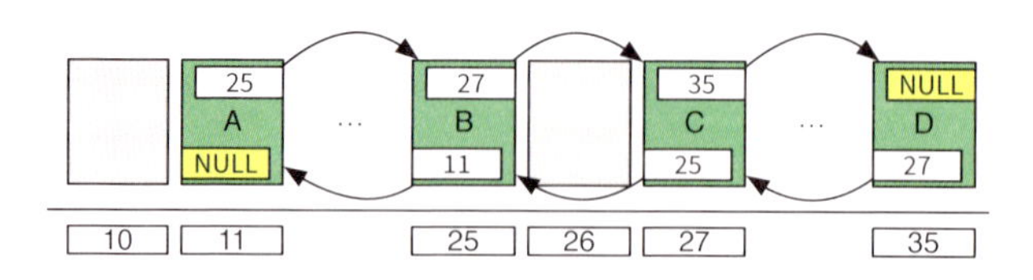

図4-4：コンピュータメモリ上の双方向連結リスト

双方向連結リストには連結リストと同じ長所があります。新しいセルのメモリ領域は必要に応じて割り当てるので、あらかじめたくさんのメモリを確保する必要がありません。追加のポインタによって、セルの連鎖を**前後**に移動することができます。また、単一のセルのアドレスだけが与えられた場合でも当該セルを削除するこ

とができます。

しかし依然として、すぐにn番目のアイテムにアクセスする方法はありません。また、各セルに2つのポインタを格納するので、プログラムの複雑さと、データを格納するために要するメモリが増加します。

配列vs.連結リスト

高機能型のプログラミング言語には、リスト、キュー、スタックなどのADTが実装されていることがあります。これらの実装は、デフォルトのデータ構造に依存していることが多いのですが、一部のプログラミング言語はデータへのアクセスに応じて実行時に自動的にデータ構造を変更します。

性能上の問題がなければ、これらの汎用ADT実装に依存し、特にデータ構造を気にかける必要はありません。しかし、性能を最適にする必要があったり、これらの機能の準備がない低レベル言語で作業したりする場合は、使用するデータ構造を決定しなければなりません。データが受ける操作を解析し、相応しいデータ構造を選ぶ必要があります。

次の場合は、連結リストが配列より適しています。

- 非常に早く要素の挿入・削除を行いたい。
- データへのランダムで順序不同のアクセスは必要ない。
- リストの中ほどに要素を挿入または削除したい。
- リストのサイズを正確に評価する必要はない（リストは実行中に成長することもあれば縮小することもある）。

次の場合は、配列が連結リストより適しています。

- 頻繁にデータへのランダムで順序不同のアクセスが必要である。
- 要素へのアクセス性能は特に優れている必要がある。
- 実行中、要素数が変わることはなく、コンピュータメモリ上の連続領域に容易に割り当てることができる。

木

木（tree）は、リスト同様、オブジェクトの格納にメモリセルを使い、セルは物理メモリ上の連続した領域である必要はありません。セルには、別のセルへのポインタがあります。連結リストと違って、セルとポインタは、線型の連鎖としてではなく、樹状構造に配置されます。木は、ファイルとディレクトリの構造、軍の指揮系統などの階層データに特に適しています。

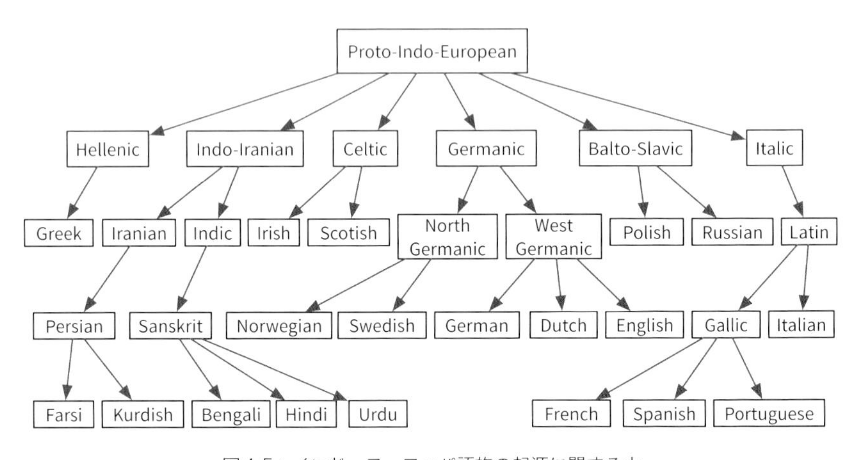

図4-5：インド・ヨーロッパ語族の起源に関する木

木の専門用語では、セルは**ノード**（node）と呼ばれ、あるセルから別のセルへのポインタは**エッジ**（edge）と呼ばれます。木の一番上のノードは**ルートノード**（root node）と呼ばれ、これが親を持たない唯一のノードです。ルートノードを除き、木のノードは厳密に**1つ**の親が必要です[†4]。

同じ親を持つ2つのノードは兄弟です。ノードの親、祖父、曽祖父（ルートノードまでのすべて）がノードの先祖を構成します。同様に、ノードの子、孫、孫の孫（木の底までのすべて）はノードの子孫です。

子がいないノードは**葉ノード**（leaf node）です（実際の木の葉を想像してください）。また、2つのノード間の**パス**（path）は、あるノードから別のノードへのエッジとノードの集合です。

† 4　ノードがこの規則に違反した場合は、探索アルゴリズムは機能しません。

ノードの**レベル**（level）とは、ルートノードへのパスの数です。木の**高さ**（height）は、木の最も深いノードのレベルです。また、木の集合を**森**（forest）と呼ぶこともあります。

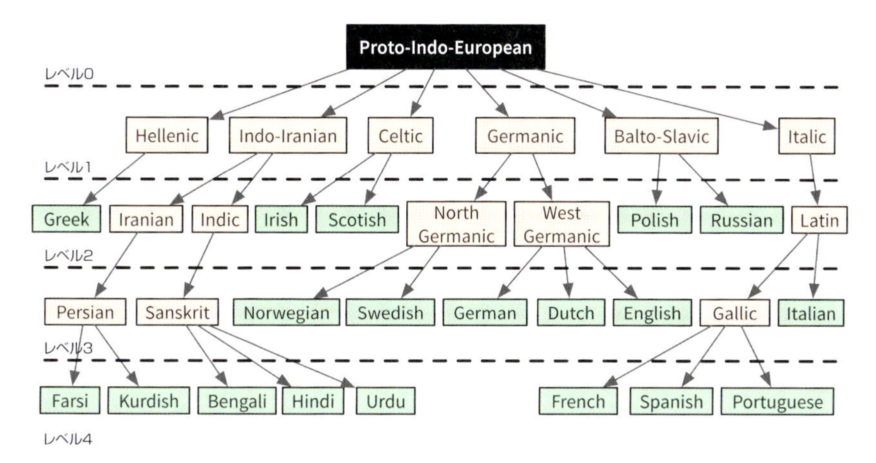

図4-6：この木の葉ノードは現在の言語を示す

二分探索木

二分探索木（binary search tree）は、効率的に検索できる特種の木です。二分探索木のノードには2つを上限に子を持つことができます。ノードは、値とキーに従って配置されます。親の左の子ノードは親よりも小さく、右の子ノードはより大きくする必要があります。

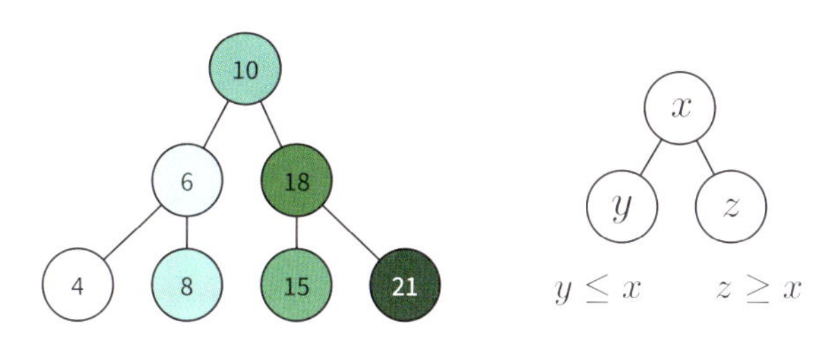

図4-7：二分探索木

木がこの特性に従っている場合、木の中から、指定されたキーおよび値のノードを探すのは容易です。

```
function find_node(binary_tree, value)
    node ← binary_tree.root_node
    while node:
        if node.value = value
            return node
        if value > node.value
            node ← node.right
        else
            node ← node.left
    return NOT FOUND
```

要素を挿入するには、木に挿入したい値を探索します。この検索で発見された最後のノードを取り、新しいノードにこの右または左ポインタの先に作成します。

```
function insert_node(binary_tree, new_node)
    node ← binary_tree.root_node
    while node:
        last_node ← node
        if new_node.value > node.value
            node ← node.right
        else
            node ← node.left
    if new_node.value > last_node.value
        last_node.right ← new_node
    else
        last_node.left ← new_node
```

●木の平衡

二分探索木に多くのノードを挿入すると、大半のノードが1つの子しか持たない、非常に高い木が出来上がります。たとえば、キーと値が常に前のものより大きいノードを挿入すると、連結リストに似たノードが偏ったものが出来上がります。しかし、木のノードを再配置し、高さを低くすることは可能です。このことは**木の平衡**と呼ばれます。しっかりと平衡が保たれた木は、最小の高さを持っています。

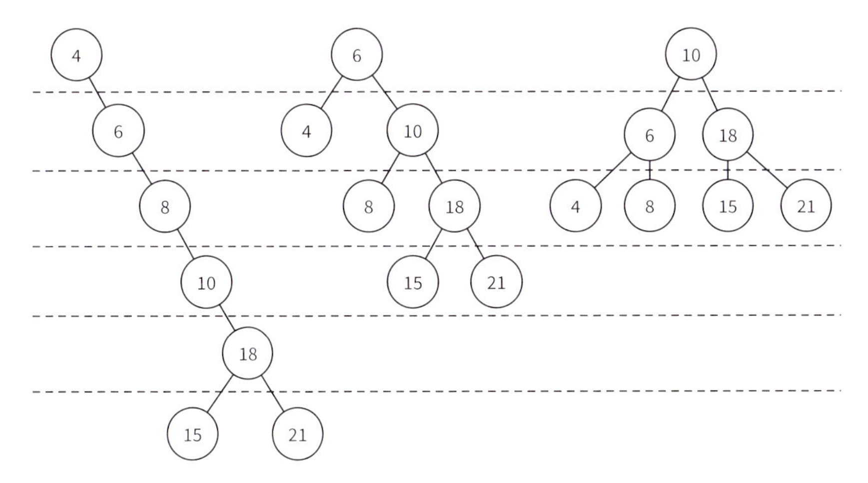

図4-8：同じ二分探索木（非常に悪い平衡状態、まあまあの平衡状態、最高にいいバランス状態）

特定のノードに到達するまで、木に対する操作のほとんどはノード間のリンクに関係します。木の高さに従ってノード間の平均パスが伸び、メモリのアクセスに要する時間が増加します。したがって、木の高さを減らすことが重要です。ソート済みのノードのリストからしっかりと平衡が保たれた二分探索木を構築するには次のようにします。

```
function build_balanced(nodes)
    if nodes is empty
        return NULL
    middle ← nodes.length/2
    left ← nodes.slice(0, middle - 1)
    right ← nodes.slice(middle + 1, nodes.length)
    balanced ← BinaryTree.new(root=nodes[middle])
    balanced.left ← build_balanced(left)
    balanced.right ← build_balanced(right)
    return balanced
```

n個のノードを有する二分探索木を取り上げます。最大の高さはnで、これは連結リストのような場合です。木がうまく平衡しているときが最小の高さであり、$\log_2 n$です。二分探索木で要素を探索する計算量は木の高さに比例します。最悪の場合、要素を探し出すための探索は、最下位レベルまで、要するに木の葉までのすべてに到達しなければなりません。したがって、n個の要素を有する二分探索木が平衡状態にあれば、探索の計算量は$\mathcal{O}(\log n)$なので、このデータ構造は、集合（要素がすでに存在するかどうかを調べる必要がある）とマップ（キーと値を探し出す必要がある）の実装に使われます。

しかし、木の平衡はすべてのノードをソートする必要があるため、この操作はコストがかかりすぎます。挿入または削除が行われるたびに木の平衡を取ると、これらの操作の速度が大幅に低下してしまうので、いくつかの挿入と削除が行われた後、木の平衡を取ります。しかし、このようなタイミングをはかって木の平衡を取る戦略は、ごく稀に変更される木に対してだけ適しているに過ぎません。

頻繁に変更される二分探索木を効率的に処理するために、**平衡二分探索木**（self-balancing binary trees）が考案されました。この木では、要素を挿入または削除するための手続き自体が木の平衡状態にあることを保証します。**赤黒木**（red-black tree）は平衡二分探索木の代表例です。平衡戦略[†5]のため、ノードに「赤」または「黒」を付けて示します。赤黒木はマップの実装に頻繁に使われます。マップを効率的に頻繁に編集でき、また自動的に平衡が取られるので、マップ中の任意のキーの探索も速いままです。

AVL木（AVL tree）も平衡二分探索木の例です。赤黒木よりも要素の挿入・削除に少し時間がかかりますが、こちらのほうが平衡状態が優れている傾向にあります。したがって、AVL木のほうが赤黒木よりも要素を高速に探索することができ、想定される利用状況が読み出し過多の場合では、性能の改善のためにAVL木が多用されます。

データは通常磁気ディスクに格納され、大きめのデータ片で読み出されます。このディスク上に二分探索木を実装する場合、二分探索木の汎用版である**B木**（B-tree）が使われます。B木では、大きめのデータ片での操作効率を高められるように、ノードは複数の要素を格納することができ、また、2つ以上の子を持てます。すぐにわかることですが、B木はデータベースシステムでよく使われています。

二分ヒープ

二分ヒープ（binary heap）は、最大（または最小）の要素を即座に探し出すこ

---

†5　これらの平衡戦略は本書の対象範囲外です。興味があれば、これらの戦略がどのように機能するかを描いた動画がインターネット上にあるので探してみてください。

とができる、特種な二分探索木です。このデータ構造は、優先度付きキューの実装に特に有効です。ヒープでは、最大（または最小）の要素の取得は、その要素が常に木のルートノードであるため、$\mathcal{O}(1)$で済みます。ノードの探索、挿入には依然として$\mathcal{O}(\log n)$がかかります。二分ヒープのノード配置規則は二分探索木と同じですが、親ノードは、**両子ノード**よりも大きい（または小さい）という追加の制約があります。

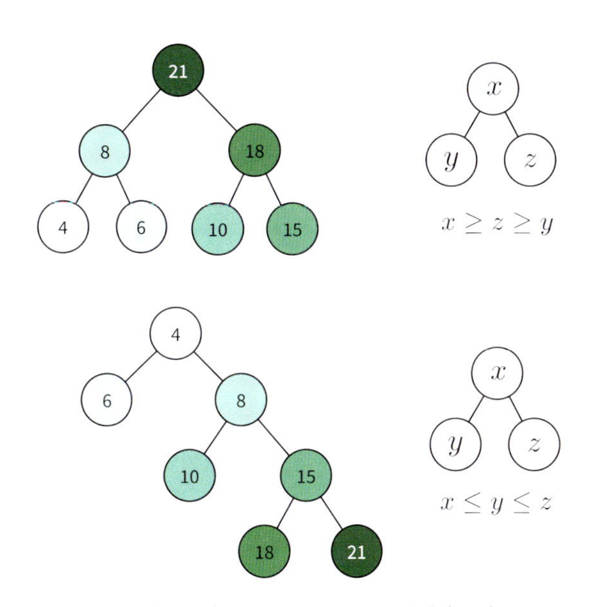

図4-9：二分最大ヒープ（トップ）および二分最小ヒープ（ボトム）でのノードの構成

集合で、特に最大（または最小）の要素に対して頻繁に作業する必要があるときには二分ヒープを使うといいでしょう。

グラフ

グラフ（graph）は木に類似しています。グラフには、子ノードと親ノードという関係がなく、したがって、ルートノードがないという点が違いです。データはノードおよびエッジで自由に配置でき、ノードは複数の流入または流出のエッジを持つことができます。

このデータ構造は最も柔軟で、ほとんどすべての種類のデータを表現するのに使うことができます。たとえば、ソーシャルネットワークを表現するのにグラフは理想的です。ノードは人であり、エッジは友人関係を表します。

ハッシュ表

ハッシュ表（hash table）は要素の探索を$\mathcal{O}(1)$時間で実現するデータ構造で、1,000万個の要素からでも、たった10個の要素からでも、探索に要する時間は一定です。

ハッシュは、配列と同様、データを格納するために大きめの連続領域を事前に割り当てる必要があります。しかし、配列と違って、要素を順番通りに格納しません。要素の位置は、**ハッシュ関数**（hash function）によって「魔法のように」決定されます。ハッシュ関数は格納したいデータのキーを渡すと、乱数風の数値を算出する専門の関数です。この数値が、要素を格納するメモリ位置として使われます。

これによって、要素を即座に取り出すことができます。キーをハッシュ関数に渡すと、ハッシュ関数は要素を格納しているメモリ上の位置を正確に算出します。このメモリ位置を調べ、要素が格納されていれば、目的の要素を探し出すことができます。

ハッシュ表には、ハッシュ関数が別々の2つのキーに対して同じメモリ位置を返してしまうという問題があります。これを**ハッシュ衝突**（hash collision）と呼びます。ハッシュ衝突が発生すると、同じメモリアドレスに所定のアドレスから始まる連結リストを使うなどして、両要素を格納する必要があります。ハッシュ衝突はCPUとメモリのオーバーヘッドに当たるので、これを回避しようとします。

しかるべきハッシュ関数は各種のキーに対して乱数風の数値を算出します。したがって、ハッシュ関数が算出する数値の範囲が広ければ広いほど、データの位置候補が多く、ハッシュの衝突が起こる可能性が下がります。そのため、ハッシュ表の最低50%が空き状態であるようにします。これを下回ると、衝突が頻発し、ハッシュ表の性能が著しく低下します。

ハッシュ表はマップと集合の実装によく使われます。ハッシュ表は木構造のデータ構造より、挿入および削除が高速です。しかし、正常な動作のためには非常に大きな連続するメモリ領域が必要です。

まとめ

本章では、データ構造がコンピュータメモリ上でデータを構成する手段を具体的に提供することを学びました。各種のデータ構造は、格納されたデータを格納、削除、検索、実行するために各種の操作を必要とします。あらゆる問題を解決してくれる、特効薬、銀の弾丸はありません。現状を考慮し、扱うデータ構造を選択する必要があります。

また、プログラムコード上でデータ構造を直接使う代わりに、抽象データ型を使うほうがいいことも学びました。こうすれば、プログラムコードからデータ操作の詳細を切り離すことができるので、コードを変更せずにデータ構造の変更が簡単にできます。

基本のデータ構造と抽象データ型を0から作成しようとすることで、「車輪の再発明」にあたる行為をするのは避けるべきです。もちろん、楽しみのため、勉強のため、研究のためにするのはかまいません。第三者が開発した、すでによくテストされたデータ処理ライブラリを使いましょう。また、ほとんどの言語では、これらのデータ構造があらかじめ準備されています。

参考文献

- Stoimen, “Computer Algorithms: Balancing a Binary Search Tree”, http://www.stoimen.com/blog/2012/07/03/computer-algorithms-balancing-a-binary-search-tree/
- CS211 - Lecture Notes, “ADTs, stacks, and queues”, Cornell CIS Computer Science, http://www.cs.cornell.edu/Info/Courses/Spring-98/CS211/lectureNotes/, 1998
- CS13002 Programming and Data Structures, “Abstract data types”, Department of Computer Science and Engineering Indian Institute of Technology Kharagpur, http://cse.iitkgp.ac.in/pds/notes/ADT.html
- Bradley N. Miller, David L. Ranum, “Problem Solving With Algorithms And Data Structures Using Python”, Franklin, Beedle & Associates, 2011, http://interactivepython.org/runestone/static/pythonds/index.html

CHAPTER 5

アルゴリズム

プログラミングは経済的にまた科学的にやり甲斐があるだけでなく、作詞・作曲をするかのような美的経験が興味を引き付ける。
―ドナルド・クヌース

人類は日々、難題の解法に取り組んでいます。皆さんが何か問題に直面しても、大抵の場合、類似の問題が多くの人々によって研究されています。より効率的なアルゴリズムが発見され、私たちはそのアルゴリズムを手軽に使うことができるかもしれません。問題解決に対して、最初にすべきことは既存のアルゴリズムを探すことです†1。本章では、次のアルゴリズムを取り上げます。

- 特大のリストを効率的に**ソート**（sort）する。
- 目的の要素を素早く**探索**（search）する。
- **グラフ**（graph）を操作する。
- 手続きを最適にするため、第2次世界大戦時下に開発された**オペレーションズ・リサーチ**（Operations Research）を使う。

これら既知の解法を適用できる問題を認識することを学びます。データのソート、パターンの探索、経路の探し出しなど、いろいろな問題が多数存在します。また、画像処理、暗号、人工知能などの領域に固有のアルゴリズムもいろいろあります。すべてを本書で取り扱うことはできませんが†2、本章では重要なアルゴリズム

†1 前代未聞の問題に遭遇することは稀です。研究者は新しい問題を発見すれば、科学論文を執筆します。

†2 アルゴリズムの総覧は https://en.wikipedia.org/wiki/List_of_algorithms を参照してください。

をいくつか取り上げます。これらは優れたプログラマであれば熟知しているべきものです。

5.1 ソート

コンピュータ登場以前、データのソートは手動だったので、多大な時間を要する最大のボトルネックでした。1890年代にTabulating Machine Company（後のIBM）が自動ソートに成功し、数年で米国の国勢調査の集計効率は大幅に改善しました。

ソートアルゴリズムは多数存在しますが、易しいアルゴリズムの計算量は$\mathcal{O}(n^2)$です。「2.1　時間のカウント」で取り上げた**選択ソート**（selection sort）はこの種類のアルゴリズムです。このアルゴリズムは私たちがカードをソートするときの手順に相当します。1,000個未満の要素からなる、小さめのデータであれば、これらのアルゴリズムでも大丈夫です。次に示す**挿入ソート**（insert sort）も2次関数時間のソートアルゴリズムです。このアルゴリズムは、おおむね順序通りのデータに対しては、データが非常に大きくても非常に効率的に動作します。

```
function insertion_sort(list)
    for i ← 2 … list.length
        j ← i
        while j and list[j-1] > list[j]
            list.swap_items(j, j-1)
            j ← j - 1
```

紙と鉛筆で、おおむね順序通りに並んだ数値リストに対して、このアルゴリズムを実行してみましょう。要素のうちいくつかが順番通りではないリストに対しては、`insertion_sort`の計算量は$\mathcal{O}(n)$で、この場合に限れば、ほかのあらゆるソートアルゴリズムよりも小量の演算で実行できます。

おおむね順序通りではない、大きめのデータに対しては、$\mathcal{O}(n^2)$アルゴリズムは遅すぎるので（表3-6参照）、より効率のよいアルゴリズムが必要です。**マージソート**（「3.6　分割統治法」）と**クイックソート**（quick sort）が効率に優れたソートアルゴリズムとして有名で、その計算量はいずれも$O(n \log n)$です。クイックソートがトランプの山をどのようにソートしていくかを次に示します。

1　カードの山が4枚未満のときは、これらを正しい順序に並べて完了する。4枚以上のときは2に進む。

2　カードの山から**軸**（pivot）となるカードを適当に選ぶ。

3　この軸よりも**大きい**カードは右側の新しい山に移動し、**小さい**カードは左側の新しい山に移動する。

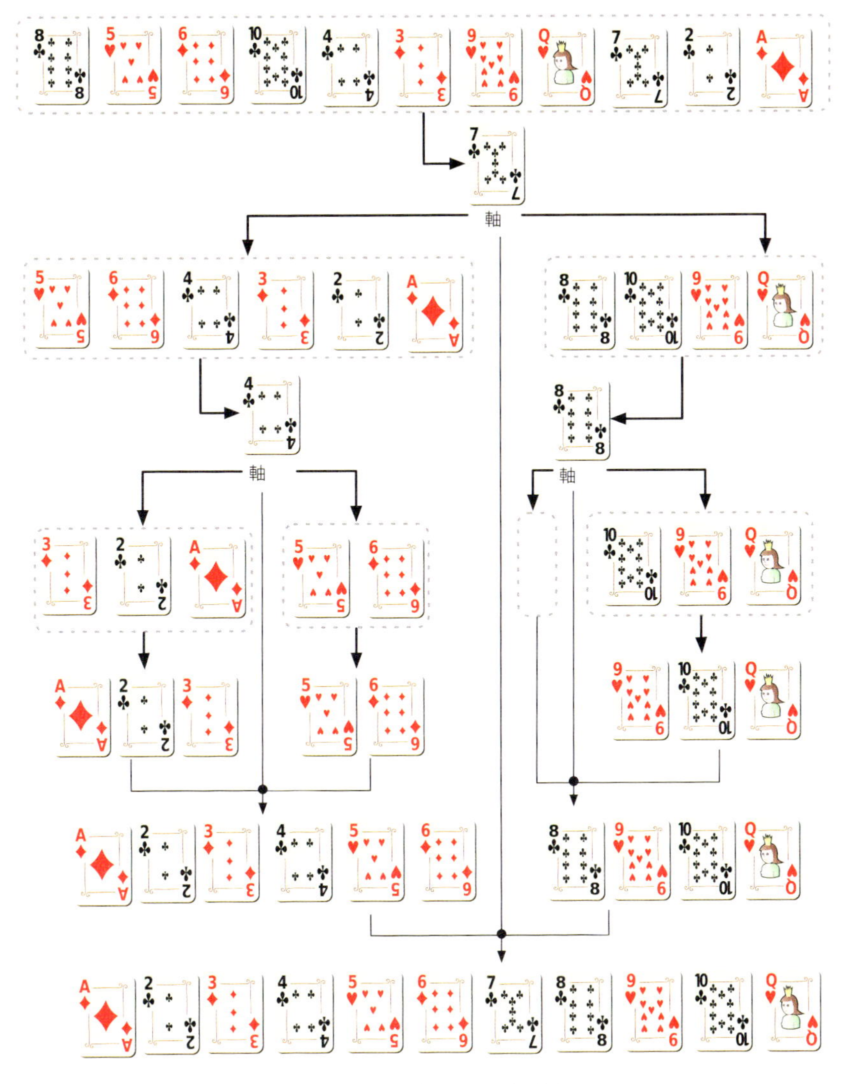

図5-1：クイックソートの実行例

4　作成した2つのカードの山ごとに、1から3までを繰り返す。

5　左の山、軸、右の山を連結し、ソート済みの山を作成する。

クイックソートの動作を学ぶには、実際にトランプを使って、これらの手順を実行してみるといいでしょう。再帰処理の理解も深まると思います。

これでソートに関する問題を取り扱う準備が整いました。ただし、ここであらゆるソートアルゴリズムを取り上げるわけではありません。特定の利用想定でのソート処理に適したものはもっといろいろあることに留意してください。

5.2　探索

メモリから特定の情報を探し出すことはコンピュータの仕事の中でも重要操作であり、探索アルゴリズムに関する正しい知識は必須です。探索アルゴリズムでは、**逐次探索**（sequential search）と呼ばれるものが最も単純で、期待するものを探し出すか、あるいはないことを確認するまで、順番にすべての要素を検査します。

逐次探索の計算量は$\mathcal{O}(n)$であることは簡単にわかります。ここでのnは探索領域の要素の総数です。探索対象の要素を上手に構成すれば、もっと効率的に探索することができます。「4.3　データ構造」で触れた平衡二分探索木のデータ構造の探索コストはわずか$\mathcal{O}(\log n)$です。

要素がソート済み配列上に構成されている場合は、**二分探索**（binary search）を使えば$\mathcal{O}(\log n)$時間で探索できます。この探索手続きでは、各段階で探索領域の1/2が対象から外されます。

```
function binary_search(items, key):
    if not items
        return NULL
    i ← items.length / 2
    if key = items[i]
        return items[i]
    if key > items[i]
        sliced ← items.slice(i+1, items.length)
    else
        sliced ← items.slice(0, i-1)
    return binary_search(sliced, key)
```

`binary_search`の各段階では固定数の演算を行い、データ数の**半数**を対象から外します。したがって、n個の要素に対しては、$\log_2 n$段階ですべて処理できます。各段階の演算は固定数ですから、アルゴリズムは$\mathcal{O}(\log n)$です。これであれば、何1万個あるいは1兆個もの要素に対してもまだ何とか探索することができるでしょう。

しかし、もっと効率的に探索することだってできます。ハッシュ表（「4.3　データ構造」）に要素を格納すれば、探索するキーのハッシュ値を計算するだけで済みます。ハッシュ関数はキーの要素のアドレスを算出してくれます。探索領域が広がったとしても要素を探し出すのに要する時間は**増加しません**。数百万個、何十億個、数兆個の要素からの探索であっても問題はありません。操作の数は固定であり、$\mathcal{O}(1)$時間です。探索は瞬時に終わります。

5.3　グラフ

グラフは、情報をノードとエッジで格納する、柔軟性に富んだデータ構造です。グラフは、ソーシャルネットワーク（ノードは人、エッジは友人関係）、電話網（ノードは電話機と電話局、エッジは通信回線）などのデータを表現するために広く使われています。

グラフの探索

グラフ中からノードをどのようにして探し出せばいいでしょう。グラフ構造自体が探索のための何らかの機能を準備している場合もありますが、通常は、目的の要素に遭遇するまでグラフの各ノードすべてにアクセスする必要があります。これには深さ優先と幅優先の2種類の探索戦略があります。

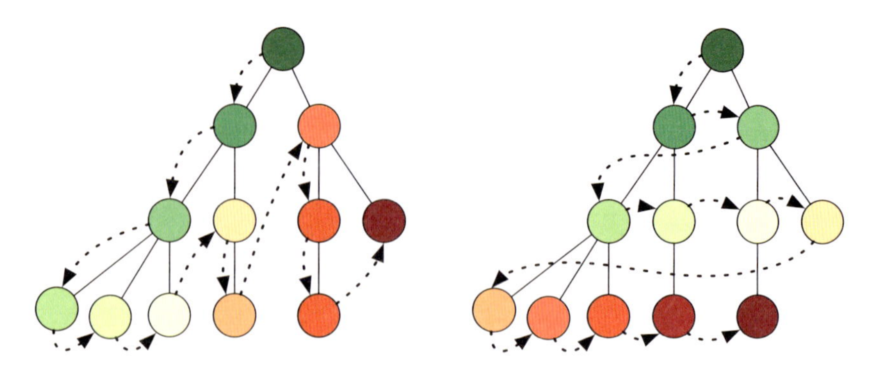

図5-2：グラフの探索（深さ優先 vs. 幅優先）

深さ優先探索（Depth First Search：DFS）を使ったグラフの探索では、エッジに従い、グラフを深掘りしていきます。新しいノードへのエッジがないノードに到達すると、上のノードに戻り、処理を続行します。この探索の足跡を記録として残すためにスタックを使います。あるノードの探索を行ったときスタックにノードをプッシュ（push）し、戻る必要があるときにスタックからノードをポップ（pop）します。バックトラック戦略（「3.4　バックトラック戦略」）は、この流れで解を探します。

```
function DFS(start_node, key)
    next_nodes ← Stack.new()
    seen_nodes ← Set.new()

    next_nodes.push(start_node)
    seen_nodes.add(start_node)

    while not next_nodes.empty
        node ← next_nodes.pop()
        if node.key = key:
            return node
        for n in node.connected_nodes
            if not n in seen_nodes
                next_nodes.push(n)
                seen_nodes.add(n)
    return NULL
```

グラフを深掘りするのがよい戦略でなければ、**幅優先探索**（Breadth First Search：BFS）を試すことができます。幅優先探索では、グラフのレベルごとに、最初は開始ノードの隣ノード、次に隣ノードのさらに隣ノードというように探索します。探索したノードを記録するにはキューを使います。ノードを探索するときに、いったん子ノードをエンキュー（enqueue）し、後で次のノードを探査するときにデキュー（dequeue）します。

```
function BFS(start_node, key)
    next_nodes ← Queue.new()
    seen_nodes ← Set.new()

    next_nodes.enqueue(start_node)
    seen_nodes.add(start_node)

    while not next_nodes.empty
        node ← next_nodes.dequeue()
        if node.key = key:
            return node
        for n in node.connected_nodes
            if not n in seen_nodes
                next_nodes.enqueue(n)
                seen_nodes.add(n)
    return NULL
```

DFSとBFSの違いは、次に探査するノードを、スタックに格納するか、キューに格納するかということだということに気が付いたでしょうか。

では、どちらの戦略を使うべきでしょうか。DFSのほうが、現在のノードへいたる親ノード達を格納するだけで済み、実装が単純で、メモリ消費も節約できます。BFSでは、探索が終わったところまでの領域をまるごと保存する必要があります。百万個のノードがあるグラフでは、BFSは実用的ではありません。

探索しているノードが最初の位置から近いレベルにあると思われるときは、BFSのほうがノードを素早く探し出すことができるので、BFSの高いコストを払う価値があります。しかし、グラフのすべてのノードを探査する必要がある場合は、DFSのほうが実装が単純で、小さいメモリで探索の足跡を記録できるので、DFSを選択するほうがよいでしょう。

図5-3：DFS（http://xkcd.comより）

図5-3は、間違った探索技法を選ぶと困った結果を招く例です。

グラフ彩色

固定数の「色」（またはラベル）があり、グラフの各ノードに色を割り当てる必要があるときに**グラフ彩色**（graph coloring）問題が発生します。このとき、単一のエッジで接続されているノードを同じ色にしてはいけません。たとえば、次の問題を考察してみましょう。

干渉問題

携帯電話のための複数の電波塔と、電波塔が提供する近隣の地図があります。隣接する電波塔は、干渉を避けるために別々の周波数で動作するようにします。今回は4種類の周波数から選ぶことができます。各電波塔にどの周波数を割り当てますか。

最初の段階はグラフを使ってこの問題のモデルを作成することです。電波塔はグラフのノードです。２箇所の電波塔が干渉を引き起こすほど近い場合、この両ノードをエッジで接続します。各周波数は色で示します。

どのように周波数割り当てを探し出しましょうか。3色だけで解を探し出すことは可能ですか。2色ではどうでしょう。割り当ての最小数を探し出す処理は事実上NP完全問題で、これを解くには指数アルゴリズムしかありません。

本書では、この問題の解答例のアルゴリズムを示しません。これまでに学んだことを駆使し、この問題を解いてみてください。出来上がった解答は、UVa Online Judge（https://uva.onlinejudge.org/）のサイトで判定してもらえます。

このサイトでは、作成したプログラムを実行し、動作するかを確認できます。動作した場合は、実行時間の順位のランキングが示されます。この問題を解くためのアルゴリズムと戦略を研究し、試してみてください。読書で到達できるのはここまでです。オンライン判定サイトにプログラムを提出すれば、素晴らしいプログラマに成長するのに必須の実践経験が得られます。

経路探索

ノード間の最短経路の探索はよく知られたグラフ問題です。GPS地図経路案内システムは、道路と交差点を探索し、経路を計算します。交通データから渋滞した道路にあたるエッジの重みを増すシステムもあります。

短い経路の探索であれば、BFSあるいはDFSの戦略を使うのは効果的とは言えません。最短経路の探索アルゴリズムでは、**ダイクストラのアルゴリズム**（dijkstra algorithm）が有名で、また最も効果的です。BFSは補助にキューを使って探索するノードを記録しますが、ダイクストラのアルゴリズムでは優先度付きキューを使います。新しいノードを探索する際、該当するノードから接続されたものが優先度付きキューに追加されます。ノードの優先度は、開始ノードからのエッジの重みによって決まります。この結果、次に探索するノードは開始地点から常に最も近くにあります。

ダイクストラのアルゴリズムでは、宛先ノードを発見できず、永遠に循環する事態が起こることがあります。この**負の循環**は無限に探索し続けるように探索手続きを騙します。負の循環は、グラフ上での開始と終了が同じノードである経路で、経路のエッジの重みの和が負の値のときに生じます。負の重みを持ち得るエッジがあるグラフの最短経路を探索するときは気を付けてください。

探索しようとするグラフが大きすぎるときはどうでしょう。この場合、**双方向探索**（bidirectional search）を使い、探索速度を上げることができます。双方向探索では、開始ノードからと、宛先ノードからの2つの探索手続きを同時に実行します。片方の探索領域のいずれかのノードが、もう片方の探索領域にも現れたとき、「**あっという間に**」、最短経路を取得することができます。双方向探索が関与する探索領域は単方向探索の1/2程度です。図5-4で、灰色の領域が黄色の領域よりも小さいことを確認してください。

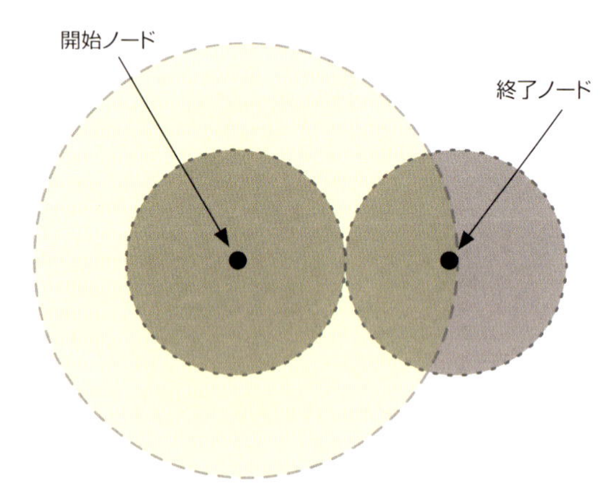

図5-4：単方向探索 vs. 双方向探索の探索領域

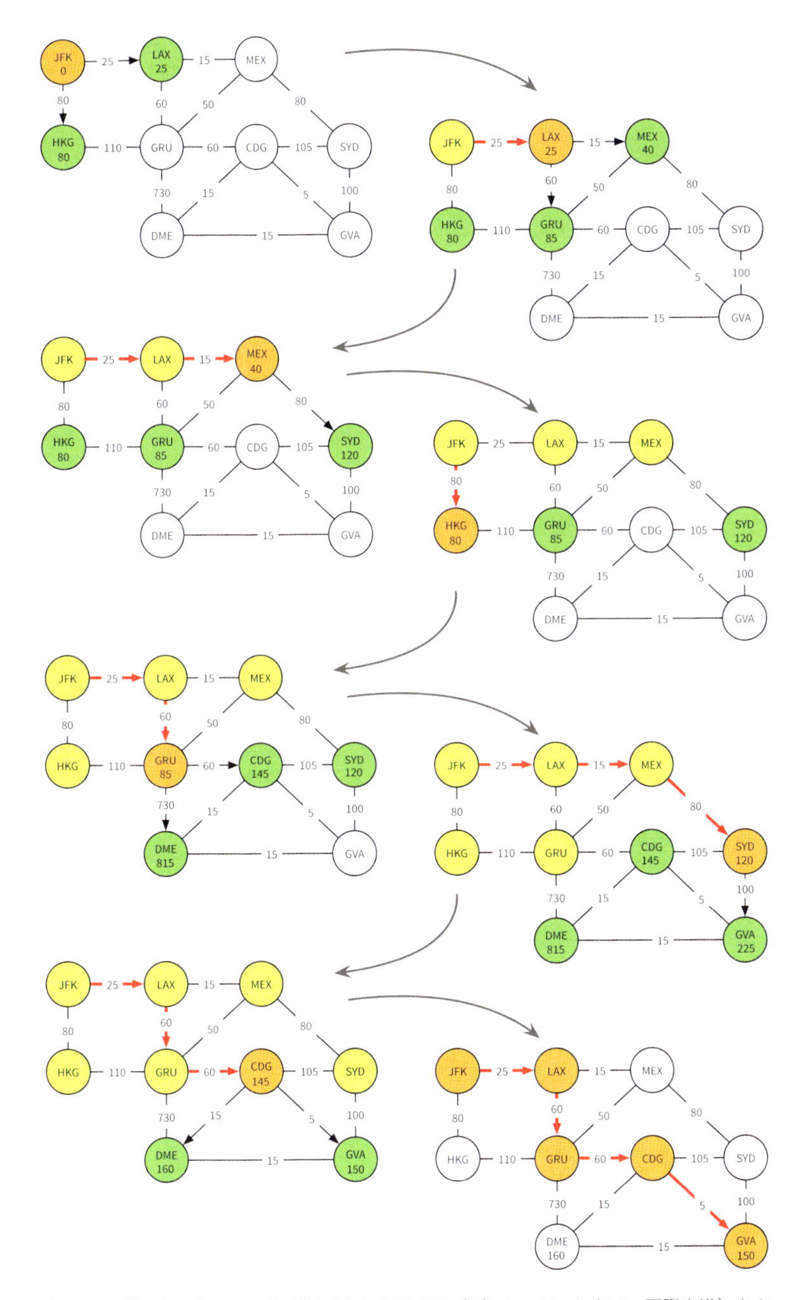

図5-5：ダイクストラのアルゴリズムによるJFK（ジョン・F・ケネディ国際空港）から
GVA（ジュネーヴ空港）への最短経路の探索

ページランク

Googleがどのようにして何十億ものWebページを解析し、最も関連性の高いものを提示しているか、疑問に思ったことはありませんか。Google検索には、多数のアルゴリズムが関わっていますが、その中核は**ページランクアルゴリズム**(pagerank algorithm) です。

Googleを設立する前に、セルゲイ・ブリンとラリー・ペイジはスタンフォード大学のコンピュータサイエンスの学生で、グラフアルゴリズムを研究していました。彼らはWebのモデルをグラフで作成しました。Webページはノードであり、Webページ間のリンクがエッジです。

彼らは、あるWebページが別の重要度の高いページから多くのリンクを受けている場合はこのページも重要度が高いと推定し、この着想に従ってページランクアルゴリズムを開発しました。このアルゴリズムは何度も繰り返し実行されます。最初は、グラフの各Webページは同じ「点数」で始まります。次に、各ページは自分のリンク先のページに自分の点数を配ります。この手続きは点数が安定するまで繰り返されます。各ページの安定した点数はページランクと呼ばれます。Googleは、ページランクアルゴリズムでWebページの重要度を判断し、これによって、即座に検索エンジン領域で優位に立ちました。

ページランクアルゴリズムは、別の種類のグラフにも適用できます。たとえば、Twitterネットワークのユーザーのモデルをグラフで作成し、各ユーザーのページランクを計算できます。ページランクの高いユーザーは重要度が高い可能性があると思いませんか。

5.4 オペレーションズリサーチ

第2次世界大戦中、英国軍は戦闘の影響を最適にするために最善の戦略的決定を下す必要がありました。彼らは軍事作戦を調整する最善の手法を導くため、多数の解析ツールを開発しました。

この手法は**オペレーションズリサーチ**(Operations Research：OR) と名付けられ、英国の早期警戒レーダーシステムを改善し、また大英帝国の人材と資源を適切に管理する手助けを行いました。戦争中には、大勢の英国人がオペレーションズリサーチに携わっていました。戦後、この手法は事業と産業の手続きを最適にするために適用されることになります。**最大**または**最小**にしたい目的を定義することもオペレーションズリサーチの対象です。したがって、オペレーションズリサーチは、利回り、利得、性能等の目標を最大限に引き出し、損失、リスク、コスト等の目標を最小限に留める手助けもします。

たとえば、オペレーションズリサーチは、航空会社の飛行機のスケジュールを最適にすることにも使われます。労働力と機材のスケジュールの微調整によって何百万ドルも節約できるのです。また、石油の精製では、原材料のブレンドの最適比率を探し出すことは、オペレーションズリサーチの問題として扱うことができます。

線型計画問題

線型方程式[†3]を使って、目的と制限のモデルを作成できる問題を、**線型計画問題**(linear programming problem)と呼びます。次に線型計画問題をどのように解くかを学びましょう。

家具調達問題

オフィスにはキャビネットが必要です。キャビネットXの価格は10ドルで、6平方フィートを占め、8立法フィートのファイルを収納できます。キャビネットYは20ドルで、8平方フィートを占め、12立方フィートのファイルを収納できます。140ドルを所持し、キャビネットに使える面積が最大72平方フィートのオフィスにおいて、ファイル収納容量を最大にするにはどちらを買うべきでしょう。

最初に問題の変数を特定します。今回は、各種類のキャビネットを何個買うかを求めます。

- x：キャビネットXの購入数。
- y：キャビネットYの購入数。

†3 厳密には、これは一次多項式のことで、この式は2乗もあらゆるべき乗も持つことはできず、変数には定数を掛けることしかできません。

ファイルの収納容量を最大にしたいので収納容量をzとし、xとyの関数としてモデルを作成します。

- $z = 8x + 12y$

次に、最大のzを算出するxとyを選ぶのですが、予算に140ドル未満、空間に72平方フィート未満という制限があります。この制限のモデルも作成しましょう。

- $10x + 20y \leq 140$ （予算上の制限）
- $6x + 8y \leq 72$ （空間上の制限）
- $x \geq 0, y \geq 0$ （負数のキャビネットを買うことはできない）

この問題をどのようにして解決しましょうか。キャビネットを配置するオフィスの空間が限られているため、単に領域あたりの収納容量が高いキャビネットをたくさん買うだけは正解に到達できません。あり得るすべてのxとyに対してzを計算するプログラムを書き、最善のzを生成するxとyを取得するという、総当たり攻撃を選択しましょうか。これは問題が単純であればうまくいきますが、変数が多い場合、実行には無理が生じます。

こうした線型計画問題を解くために、プログラミングは必要ありません。この仕事に対して、正しいツール、この場合は**シンプレックス法**（simplex method）を使うだけです。シンプレックス法は、線型計画問題を非常に効率的に解きます。シンプレックス法は、1960年代から産業の難しい問題を解く手助けをしてきました。線型計画問題を解く必要があるときは、わざわざプログラミングをして車輪の再発明をするより、Excelなどに準備されている既存のシンプレックス法ソルバを使ってください。

シンプレックス法ソルバは、制限モデルの方程式とともに、最大（または最小）にしたい関数を書くだけです。残りはソルバが行います。この場合zを最大にするxとyの選択は、$x = 8$および$y = 3$です。

シンプレックス法は、容認できる解の領域を賢明に探索することで機能します。シンプレックス法の仕組みを理解するために、2次元のxy座標平面上にxとyのあり得る値をすべて表現してみましょう。予算とオフィス空間の制限は線で示されます。

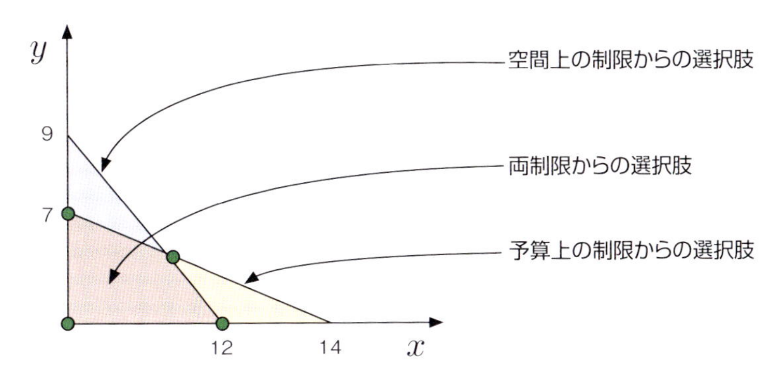

図5-6：問題の制限を満たすxとyの値

あり得るすべての解の空間は、グラフの閉じた空間（閉領域）であることに気を付けてください。線型問題に対する最適解は、この閉領域の頂点、要するに制限を示す線が交差する点であることが証明されています。シンプレックス法では、これらの頂点を調べ、最適のzを選び出します。2変数以上の線型計画問題でこの手続きを図示することは容易ではありませんが、数理上は同じように機能します。

ネットワークフロー問題

ネットワークおよびフローに関連する多数の問題は、線型方程式で書けて、シンプレックス法で解けます。たとえば、冷戦時代、米軍はソ連が東欧で潜在的に使用できる鉄道補給経路を地図に描きました（図5-7）。

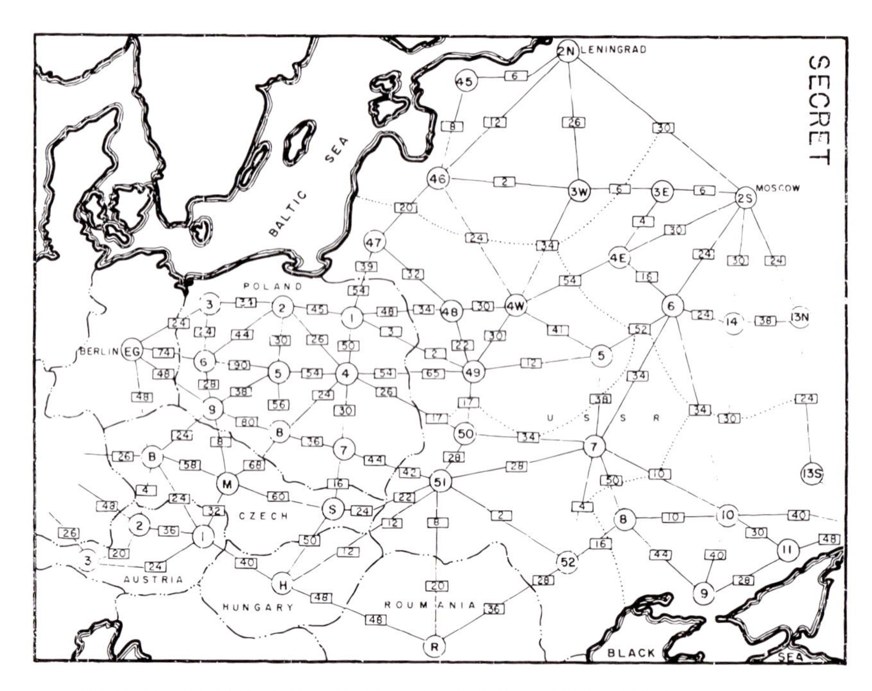

図5-7：ソ連の鉄道網に関する1955年の米軍報告書で、鉄道線の輸送力が示されている
（現在は機密扱いが解除されている）

供給ネットワーク問題

鉄道網は都市を結ぶ線で表現されます。各線には最大容量があり、これが1日に運び得る物資の流れの最大値です。生産都市から消費都市までどれだけの供給量を運ぶことができるでしょうか。

線型方程式で問題のモデルを作成する際、各鉄道線は線上を流れる物資の量を表す変数となります。制限は、鉄道線は容量より多くを運ぶことができず、また生産都市と消費都市を除いた、すべての都市で物資の流入と流出は等価であることです。この条件で、受け取る都市での流入物資を最大にする変数の値を選び出します。

ここでも、線型計画問題への落とし込みの詳細は示しません。重要なことは、既存のシンプレックス法の実装を使うことで、グラフ、コスト、フローなどの多数の線型計画問題が簡単に解けることを知っておくことです。また、多数の参考文献がオンラインで参照できます。十分に気を付け、「車輪の再発明に時間を浪費しない」

ことを思い出してください。

まとめ

本章では、あらゆる種類の問題を解くためのよく知られたアルゴリズムとテクニックが複数あることを示しました。ある問題を解く際に最初に最低限すべきことは既存のアルゴリズムと手法を探すことです。

このほかにもたくさんの重要なアルゴリズムがあります。たとえば、ダイクストラアルゴリズムよりもさらに進んだ探索アルゴリズム（A*など）、2つの単語がどの程度似通っているかを示すアルゴリズム（レーベンシュタイン編集距離）、機械学習アルゴリズムなどがあります。

参考文献

- Aditya Y. Bhargava, “Grokking Algorithms”, Manning Publications, 2016
  -『なっとく！アルゴリズム』、Aditya Y. Bhargava=著、株式会社クイープ=訳、翔泳社　2017年
- Thomas H. Cormen, Clifford Stein, Ronald L. Rivest, Charles E. Leiserson, “Introduction to Algorithms 3rd Edition”, MIT Press, 2009
  -『アルゴリズムイントロダクション 第3版 総合版』、Thomas H. Cormen/Clifford Stein/Ronald L. Rivest/Charles E. Leiserson=著、浅野哲夫/岩野和生/梅尾博司/山下雅史/和田幸一=訳、近代科学社　2013年
- Robert Sedgewick, Kevin Wayne, “Algorithms 4th Edition”, Addison-Wesley, 2011
  -『セジウィック：アルゴリズムC 第1〜4部 ―基礎・データ構造・整列・探索―』、Robert Sedgewick/Kevin Wayne=著、野下浩平/星守/佐藤創/田口東=訳、近代科学社　2018年
- Katie Pease, “Simple Linear Programming Model”, http://legacy.earlham.edu/~pardhan/courses/general_notes/linear_programming/Pease_EDITED_FINAL.pdf, 2008

CHAPTER 6

データベース

一番よく知られている私の仕事はデータベースに関するそれだが、私の基礎はアーキテクトとしての要件解析、単純で気品のある構築、ソリューションというスキルから出来上がっている。

— チャールズ・バックマン

コンピュータシステム上で極めて大量のデータを管理することには多大な困難が立ちはだかりますが、これが必須である状況は変わりません。生物学者は、DNA配列と関連するタンパク質構造を格納し、取り出します。Facebookは何十億という人々によって生成されたコンテンツを管理しています。Amazonは売り上げ、在庫、物流を記録しています。

大規模で、日々更新され続ける、これらのデータはディスク上にどのように格納すればいいでしょうか。複数のエージェントプログラムが同時にデータを取り出し、編集し、追加できるようにするにはどうすればいいでしょうか。これらの機能を新規に実装する代わりに、通常は**データベース管理システム**（DataBase Management System：DBMS）を使います。DBMSは、データベース管理のための専用ソフトウェアで、データを編成して格納し、データベースへのアクセスと変更を取り次ぎます。本章では次のことを学びます。

👫 ほとんどのデータベースで使われている**リレーショナル**（relational）モデルを理解する。

💔 臨機応変に**非リレーショナル**（non-relational）データベースシステムを使う。

💌 複数のコンピュータを取りまとめ、データを**分散**（distribute）する。

🌏 地図の類は、**地理**（geographical）データベースシステムを使う。

⚙ データ**シリアライゼーション**（serialization）によってシステム間でデータを受け渡す。

現在、リレーショナルなデータベースシステムが広く普及していますが、非リレーショナルのデータベースシステムのほうが簡単で効率がいいこともあります。データベースシステムは非常に多様で、選択が難しい場合があります。この章では、さまざまな種類のデータベースシステムの概要から始めます。

データベースシステム経由でデータに簡単にアクセスできれば、このデータを上手に活用できます。鉱山労働者が安っぽい土地の岩場から価値のある鉱物と金属を抽出するように、データの山から価値ある情報を抽出することができるのです。このことを**データマイニング**（data mining）と呼びます。

たとえば、ある大規模食料品店チェーンは製品取引データを解析し、上客達が販売ランキング200位以下のチーズをしばしば買っていることに気が付きました。通常、食料品店は成績の悪い製品の販売は取り止めますが、データマイニングの結果は、逆に、マネージャーにこのチーズの販売継続はもちろん、もっと目立つ場所に置くように示唆しました。これを受けて売り場を改善したところ、食料品店にとっての最上顧客は満足し、来店回数が増加しました。食料品店チェーンがこうした気の利いた行動を実行するには、上手に整理されたデータをデータベースシステムに持っていなければなりません。

6.1 リレーショナル

1960年代後半に登場した**リレーショナルモデル**（relational model）によって情報管理は劇的に向上しました。リレーショナルデータベースを使うと、重複した情報とデータの不一致を容易に避けることができます。現在使われているデータベースシステムはおおむねリレーショナルです。

リレーショナルモデルでは、データは別々の**表**（table）に分けられます。表は**行**（row）と**列**（column）から構成され、行列あるいはスプレッドシートのように機能します。各データ要素は表の1行であり、列はデータ要素に属する各種の特性です。通常、列には何を保存するかというデータ型を課します。また、このほかにも列に対する制限を指定することができます。たとえば、行に対し、特定の列の値が必須かどうか、特定の列の値が表のすべての行で一意である必要があるかどうかなどがあげられます。

列は一般的には**フィールド**（field）とも呼ばれます。ある列が整数だけを許す場合は**整数フィールド**（integer field）と呼びます。フィールドの型は表によってさまざまです。データベースの表の編成は、フィールドと制限によって決まります。このフィールドと制限を表の**スキーマ**（schema）と呼びます。

すべてのデータ要素は行であり、データベースシステムは表のスキーマに違反するデータを行として受け付けません。これはリレーショナルモデルにとって意義深い制約です。データの特性が多すぎると、そのデータを固定スキーマに当てはめることが難しいこともあります。しかし、同種の構造のデータを扱っている場合、固定スキーマはデータが正当であることを保証するのに有効です。

リレーションシップ

単独の表に取引情報を記録したデータベースを想像してください。取引ごとに、取引と顧客に関する情報を格納する必要があります。同じ顧客に対する複数の取引を格納する際、顧客情報が重複して存在してしまいます。

Date	Customer Name	Customer Phone Number	Order Total
2017-02-17	Bobby Tables	997-1009	$93.37
2017-02-18	Elaine Roberts	101-9973	$77.57
2017-02-20	Bobby Tables	997-1009	$99.73
2017-02-22	Bobby Tables	991-1009	$12.01

図6-1：単独の表に保存された取引データ

重複した情報の管理、更新は大変で、これを回避するため、リレーショナルモデルではこれらの情報を別々の表に分割します。たとえば、取引データを「orders」（取引）と「customers」（顧客）の2つの表に分割し、「orders」表の各行は「customers」表の行を参照するようにします。

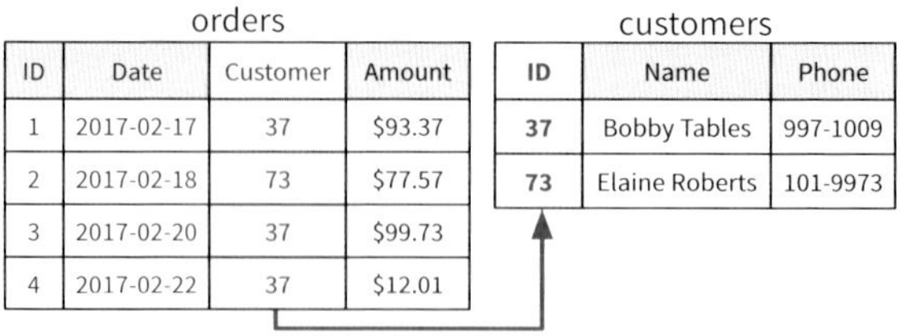

orders

ID	Date	Customer	Amount
1	2017-02-17	37	$93.37
2	2017-02-18	73	$77.57
3	2017-02-20	37	$99.73
4	2017-02-22	37	$12.01

customers

ID	Name	Phone
37	Bobby Tables	997-1009
73	Elaine Roberts	101-9973

図6-2：リレーションシップはデータ重複を削除する

別の表のデータに関連付けることで、データ重複なしに、同じ顧客の多数の取引を記録することができます。リレーションシップを実現するために、各表は専用の識別フィールド、要するにIDを持ち、ID値を使って、別の表の特定の行を参照します。そのためID値は一意でなければなりません。同じIDが2行あってはならないのです。表のIDフィールドは**主キー**（primary key）とも呼ばれます。別の表のIDへの参照が記録されるフィールドは**外部キー**（foreign key）と呼ばれます。

主キーと外部キーを使い、各データ集合間に各種のリレーションシップを作成できます。たとえば、次の複数の表にはチューリング賞の受賞者に関する情報が格納されています[†1]。

†1　チューリング賞はコンピュータサイエンス領域でのノーベル賞に相当し、賞金は100万ドル（約1億円）です。

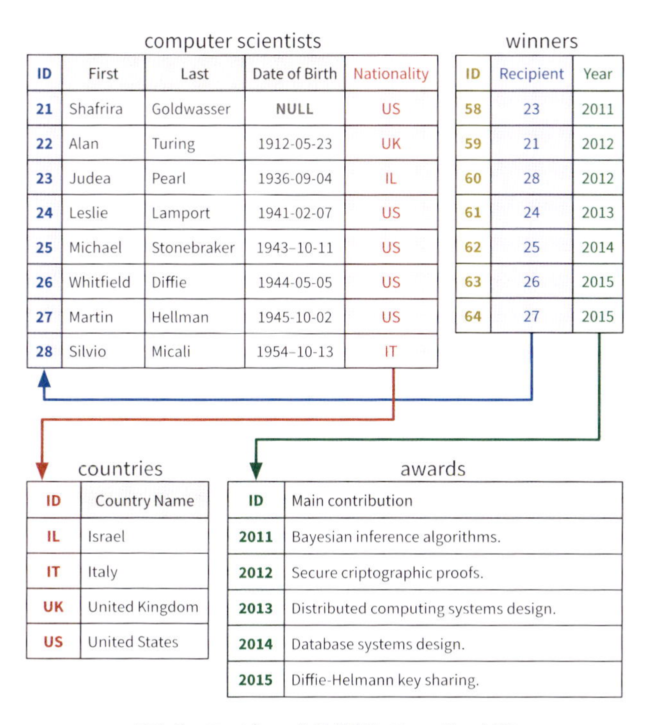

computer scientists

ID	First	Last	Date of Birth	Nationality
21	Shafrira	Goldwasser	NULL	US
22	Alan	Turing	1912-05-23	UK
23	Judea	Pearl	1936-09-04	IL
24	Leslie	Lamport	1941-02-07	US
25	Michael	Stonebraker	1943-10-11	US
26	Whitfield	Diffie	1944-05-05	US
27	Martin	Hellman	1945-10-02	US
28	Silvio	Micali	1954-10-13	IT

winners

ID	Recipient	Year
58	23	2011
59	21	2012
60	28	2012
61	24	2013
62	25	2014
63	26	2015
64	27	2015

countries

ID	Country Name
IL	Israel
IT	Italy
UK	United Kingdom
US	United States

awards

ID	Main contribution
2011	Bayesian inference algorithms.
2012	Secure criptographic proofs.
2013	Distributed computing systems design.
2014	Database systems design.
2015	Diffie-Helmann key sharing.

図6-3：コンピュータ科学者とチューリング賞

コンピュータ科学者と賞の関連は、顧客と取引の関連のように単純ではありません。賞をふたりのコンピュータ科学者で共有することができ、また受賞は一度きりだとは決まっていません。このため、「winners」（受賞者）表は、単にコンピュータ科学者と賞の関連を保存することに使います。

データベースが重複した情報が一切ないように構成されている場合、そのデータベースは**正規形**（normalized）であると言います。複製された重複データを有するデータベースを、重複がない状態に変換する手続きを**正規化**（normalization）と呼びます。

スキーママイグレーション

アプリケーションが拡張され、新しい機能が追加されると、データベース構造（すべての表のスキーマ）が同じまま維持されるとは限りません。データベース構造を変更する必要がある場合は、**スキーママイグレーション**（schema migration）スクリプトを作成します。スキーママイグレーションスクリプトは自動的にスキーマを更新し、既存のデータを適宜変換します。通常、このスクリプトは変換から元に戻すこともできるので、ソフトウェアの過去の動作バージョンでも処理できるよう、簡単にデータベース構造の修復もできます。

ほとんどのDBMSには、既製のスキーママイグレーションツールがあり、スキーママイグレーションスクリプトの作成、実行、修復を手伝ってくれます。大きめのシステムでは年に数百回のスキーママイグレーションが行われることもあるので、これらのツールは不可欠です。スキーママイグレーションを作成せず、「手動」でデータベースを変更してしまうと、特定の動作バージョンに戻すことが困難です。また、複数のソフトウェア開発者のローカルデータベース間の互換性を保証することも困難となります。この問題は、いい加減に運用されているデータベースを使った大規模ソフトウェアプロジェクトで頻繁に発生します。

SQL

ほとんどすべてのリレーショナルDBMSは、SQLというクエリ言語で動作します[†2]。SQLの深い内容は本書の対象範囲ではありませんが、ここではSQLがどのように動作するかの概要を説明します。SQLで直接作業しなくても、SQLをある程度理解していることは重要です。SQLクエリとは、どのデータを取得するかを指示する文です。

```
SELECT <field name> [, <field name>, <field name>,…]
FROM <table name>
WHERE <condition>;
```

`SELECT`の後には取得したいフィールドを書きます。表のすべてのフィールドを取得するには「`SELECT *`」と書きます。データベースには複数の表が存在することもあるため、`FROM`はどの表に対してクエリを投げるかを示します。`WHERE`句の後に、行を選択するための条件を示します。複数の条件を指定するには、論理演算

†2　SQLは**シークェル**、**シーケル**と発音されることが多いのですが、**エスキューエル**でも間違いではありません。

を使います。たとえば、「name」（名前）と「age」（年齢）のフィールドを持つ「customers」（顧客）表がある場合は、次のクエリは、「customers」表のすべてのフィールドを取得し、行を「name」と「age」のフィールドでフィルタリングします。

```
SELECT * FROM customers
WHERE age > 21 AND name = John;
```

WHERE句の指定なしに「SELECT * FROM customers」でクエリすると、すべての顧客情報が返ります。このほかに、指定されたフィールドに従って、結果をソートするORDER BYと、結果をひとまとめにし、集計した結果を返すGROUP BYといったクエリ演算も知っていたほうがいいでしょう。たとえば、「country」（国名）と「age」（年齢）のフィールドを持つ「customers」（顧客）表がある場合は、次のクエリを実行できます。

```
SELECT country, AVG(age)
FROM customers
GROUP BY country
ORDER BY country;
```

これは、顧客が居住している国名のソートされたリストと、国ごとの平均顧客年齢を返します。SQLはこのほかにも集計関数を提供しています。たとえば、AVG(age)をMAX(age)に置き換えれば、国ごとの最年長の顧客の年齢が取得できます。

場合によっては、特定の行からの情報と、その行から参照される別の表の行を考慮する必要があります。「orders」（取引）表と顧客を格納する「customers」（顧客）表があり、「orders」表には顧客を参照するための外部キーがあるとします（図6-2）。高額取引の顧客に関する情報を探し出すには、両表からデータを取得する必要があります。しかし、各表を個別にクエリして、結果を自身で確認する必要はありません。というのも、そのためのSQL命令があるからです。

```
SELECT DISTINCT customers.name, customers.phone
FROM customers
JOIN orders ON orders.customer = customers.id
WHERE orders.amount > 100.00;
```

このクエリは100ドル以上の取引をした顧客の名前と電話番号を返します。「SELECT DISTINCT」は各顧客情報を1回だけ返します。表結合JOINはクエリの自由度を非常に高めますが[†3]、自由度に相当するコストがかかります。クエリの結合対象となる表に存在する行の、あらゆる組合せを調べなければならない場合があるので、JOINの計算コストは通常非常に高価です。データベースマネージャーは、結合された表の行数の積を常に考慮する必要があります。非常に大きい表の場合はJOINは現実的とは言えません。

JOINはリレーショナルデータベースの最大の長所であり、同時に目立った弱みでもあります。

インデックス作成

表の主キーが有用であるには、ID値から即座にデータ要素を取得できなければなりません。このため、DBMSは補助的に行のIDからメモリ上の各アドレスへの対応付けを行う**インデックス**（index：索引）を作成します。インデックス自体は平衡二分探索木で実装します（「4.3　データ構造」参照）。表の各行は、この木のノードに対応します。

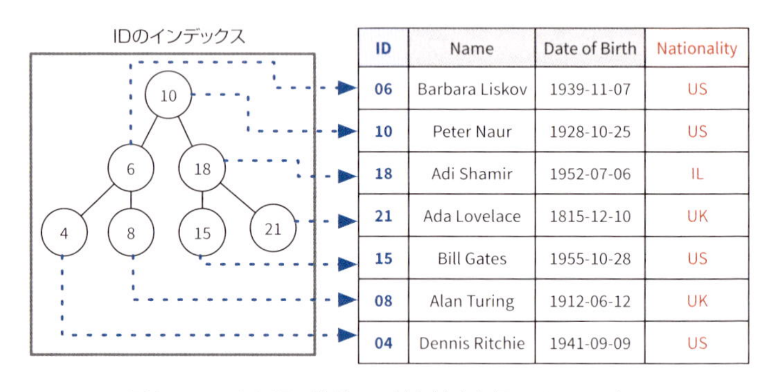

図6-4：IDから行の位置への対応付けを行うインデックス

ノードのキーには、インデックス付けを行うフィールドのID値を使います。所定のID値を持つレジスタ（登録情報）を探し出すためには、ID値で木を探索し、ノー

†3　JOINには各種の用法があります。

ドがあれば、そのノードに格納されているアドレスを取得し、このアドレス経由でレジスタを取得します。二分探索木の探索は$\mathcal{O}(\log n)$ですから、大きい表でのレジスタの探索でも高速に実行できます。

通常、インデックスは、DBMSによってデータベースの主キーごとに作成されます。別のフィールドの探索でレジスタを探し出す必要がある場合（たとえば、顧客を名前で探索する場合など）、DBMSにこれらのフィールドのインデックスも追加で作成するように指示することができます。

●一意制約

一意制約（uniqueness constraint）を持つフィールドに対しては、インデックスがしばしば自動的に作成されます。DBMSは、新しい行を挿入する際、一意制約違反はないことを確認するために表全体を探索する必要があります。インデックスがないフィールドに値が存在するかどうかを調べるには、表のすべての行を調べる必要があります。インデックスがあれば、挿入しようとしている値がすでに存在するかどうかを素早く探索できます。新しいデータ要素を高速に挿入するには、一意制約を持つフィールドでのインデックスは不可欠です。

●ソート

インデックスは、インデックス付きフィールドでのソート済みの順序で行を取り出すのにも役立ちます。たとえば、「name」（名前）フィールドにインデックスがある場合、特別の計算なしに、名前でソートされた行を取得できます。インデックスなしのフィールドで`ORDER BY`を使うと、DBMSはクエリを処理する前にメモリ上のデータをソートする必要があります。多くのDBMSは、クエリに関連する行が多すぎる場合は、非インデックスフィールドでソートするクエリを実行することを拒否することがあります。

最初に国名でソートし、次に年齢でソートするような場合は、「age」（年齢）または「country」（国名）フィールドにインデックスがあることはあまり重要ではありません。「country」のインデックスで、「country」でソートした行を取り出すことはできますが、「country」の値が同じデータ要素を手動で年齢順にソートしなければなりません。2つのフィールドでソートしたいときは、複数のフィールドにインデックス付けする**複合インデックス**（joint index）を使います。複合インデックスは、素早くデータ要素を探し出す役には立ちませんが、複数のフィールドでソートされたデータを返す際には有効です。

●性能

このようにインデックスは素晴らしい性能を提供します。インデックスは超高速クエリとソート済みデータへの瞬時アクセスを実現します。ここで、なぜすべての表の**すべて**のフィールドに対してインデックスを作成しないかを不思議に思うかもしれません。その理由は、新しいレジスタが表に挿入されたり、表から削除されたりするときに、対応するインデックスすべてを更新する必要があるという問題にあります。インデックスがたくさんある場合、行の更新、挿入、削除で高い計算コストがかかります（木を平衡にすることを思い出してください）。さらに、インデックスはディスク領域も占有します。ディスク領域も無限のリソースではありません。

アプリケーションがデータベースをどのように使っているかを監視する必要もあります。DBMSには、通常これを支援するためのツールが付属しています。これらのツールは、クエリが使用するインデックスと、クエリを実行するために逐次スキャンする行数を報告することで、クエリの動作を「明らかに」してくれます。クエリがフィールドのデータを順番にスキャンすることに時間を浪費していたら、そのフィールドにインデックスを追加し、どのように効果があるかを確認してください。たとえば、特定の年齢の人々のデータベースを頻繁にクエリしている場合、「age」（年齢）フィールドにインデックスを定義すれば、DBMSは所定の年齢に対応する行を直接選択できます。こうすることで、必要とする年齢から外れた行をフィルタリングするための逐次スキャンを回避し、時間を節約できます。

データベースを高性能に調整するには、どのインデックスを保持し、どのインデックスを破棄するかを把握することが重要です。読み出しばかりで、更新が滅多になければ、多めにインデックスを保持することが妥当でしょう。商用システムの速度が低下する一大要因はインデックスの貧弱さです。システム管理者がいい加減だと、通常のクエリがどのように実行されているかまでいちいち気を配りません。彼らは性能改善に効果があると「思われる」フィールドに適当にインデックスを付けるだけです。これは止めましょう。ツールを使い、クエリの動作を「明らかに」して、違いが生じる場合にだけインデックスを追加してください。

トランザクション

スイスのとある秘密銀行では、振替の記録がなく、データベースには口座残高だけが格納されているとしましょう。誰かが彼の口座から同じ銀行にある、彼の友人の口座にお金を振込むとします。銀行のデータベース上では、ある口座の残高を減算し、別の口座の残高に減算した金額と同額を加算する２つの操作を実行する必要があります。

データベースサーバーは、通常、複数のクライアントプログラムが同時にデータを読み書きできるようにしてあります。これは、これらの操作を順次実行していると、いずれのDBMSも速度が著しく低下してしまうからです。ここが問題です。減算が記録された**後**の、対応する加算が記録される前に**前**に、誰かがすべての口座の合計残高をクエリすると、いくらかの金銭が消滅します。あるいは、２つの操作の間でシステムの電源が落ちてしまった場合はどうでしょうか。システムが復旧したとき、データの不一致が生じた理由を探し出すことは困難です。

データベースシステムには、複数の操作からの**すべて**の変更を実行するか、または未変更のデータを保持する仕組みが必要です。これを行うために、データベースシステムは**トランザクション**（transactions）と呼ばれる機能を提供します。トランザクションは、**不可分操作**（atomically）として実行する必要があるデータベース操作のリストです[†4]。これにより、プログラマの仕事は軽減され、データベースの一貫性を維持する役目はデータベースシステムに委託されます。プログラマは依存関係にある操作をひとまとめにするだけです。

```
START TRANSACTION;
UPDATE vault SET balance = balance + 50 WHERE id=2;
UPDATE vault SET balance = balance - 50 WHERE id=1;
COMMIT;
```

トランザクションなしに段階的に複数の更新を実行すると、最終的にデータはデタラメで、期待外れで、隠された不一致が生じてしまうことに気を付けてください。

---

†4　不可分操作はたった１つの処理として実行されます。半分だけ実行されることはありません。

6.2 非リレーショナル

リレーショナルデータベースは優れていますが、いくつかの制限があります。アプリケーションの複雑さに従って、リレーショナルデータベースの表もクエリもだんだんと増加し、理解も困難を極めます。また、高い計算コストがかかり、困ったボトルネックを生み出すJOINもどんどん増加します。

非リレーショナルモデル（non-relational model）は表状のリレーションシップに見切りを付けました。非リレーショナルモデルでは、いくつかのデータ要素からの情報を結合する必要はほとんどありません。非リレーショナルデータベースシステムはSQL以外のクエリ言語を使用するため、**NoSQLデータベース**（NoSQL database）とも呼ばれます。

図6-5：履歴書の作成（http://geek-and-poke.comより）

ドキュメントストア

最も広く知られているNoSQLデータベースは**ドキュメントストア**（document store：ドキュメント型保存）です。ドキュメントストアでは、データ要素は、アプリケーションで必要とされている通りに保持されます。図6-6は、ブログへの投稿を表状に格納したものと、ドキュメント状に格納したものの比較です。

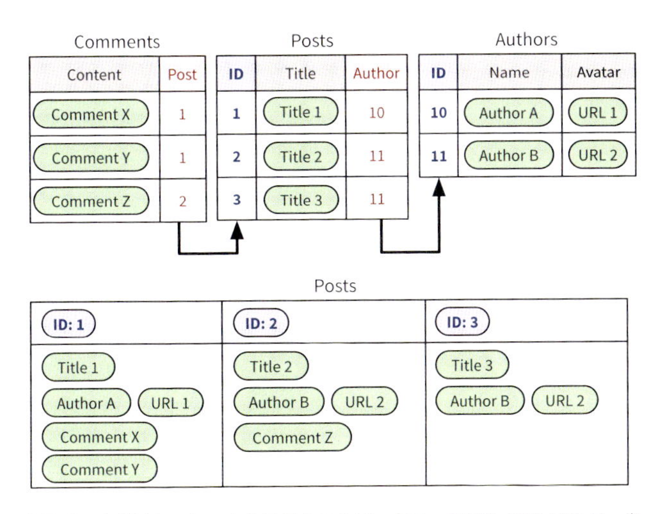

図6-6：上がリレーショナルモデルでのデータで、下がNoSQLでのデータ

投稿に関するすべてのデータがその投稿の登録情報にどのようにコピーされているかを確認してください。非リレーショナルモデルは、情報を必要に応じて関連する場所にコピーすることを**善し**とするので、重複したデータを一貫性を保って更新することは簡単ではありません。その代わり、関連するデータをまとめてしまうことで、ドキュメントストアは次にあげる柔軟さを特徴に持ちます。

- 行を結合する必要はない。
- 固定スキーマは必要ない。
- 各データ要素は独自のフィールド構成を持てる。

ドキュメントストアには「表」と「行」がありません。代わりに、データエントリは**ドキュメント**（document）と呼ばれます。関連するドキュメントは**コレクション**（collection）にまとめられます。

ドキュメントには主キーのフィールドがあり、ドキュメント間のリレーションシップが可能です。しかし、ドキュメントストアでは`JOIN`は推奨できません。また、`JOIN`自体が実装されていない場合もあるので、ドキュメント間の関連付けを独自で行う必要があります。どちらにしても、複数のドキュメントが関連するデータを扱う場合、そのデータは各ドキュメントにコピーを作成したほうがほうがいいので、JOINを使うのは悪い選択です。

リレーショナルデータベースと同様、NoSQLデータベースは主キーのフィールドのインデックスを作成します。また、頻繁にクエリされたり、ソートされたりするフィールドの追加のインデックスを作成することもできます。

キーバリューストア

キーバリューストア（key-value store：キーバリュー型保存）は、整理済みの永続データストレージの単純版で、たいていはキャッシュに使われます。たとえば、利用者が特定のWebページをサーバーにリクエストすると、サーバーはWebページのデータをデータベースから取得し、このデータから利用者に返すHTMLを生成しなければなりません。人気があるWebサイトでは、同時に多数のアクセスがあるので、これをいちいち処理するのは性能上の無理があります。

この問題を解決するために、キャッシュメカニズムとしてキーバリューストアを使います。キーはリクエストされたURLであり、値（バリュー）はこれに対応するWebページとして生成されたHTMLです。誰かが同じURLをリクエストすると、URLをキーとしてキーバリューストアからあらかじめ生成済みのHTMLを簡単に取得できます。

常に同じ結果を生成する遅い操作を繰り返す場合は、結果をキャッシュすることを考慮してください。キーバリューストアを使うことが必須ではないので、別種類のデータベースにキャッシュを格納してもかまいません。しかし、キャッシュが非常に頻繁にアクセスされるようなときは、キーバリューストアシステムの効率の良さが意味を持ちます。

グラフデータベース

グラフデータベース（graph database）では、データ要素はノードとして、リレーションシップはエッジとして格納されます。ノードは固定スキーマに束縛されず、柔軟にデータを格納できます。グラフ構造は、データのリレーションシップに従ってデータエントリの効率的な処理を可能にします。次に、図6-6の情報がグラフ構造でどのように表現されるか示します。

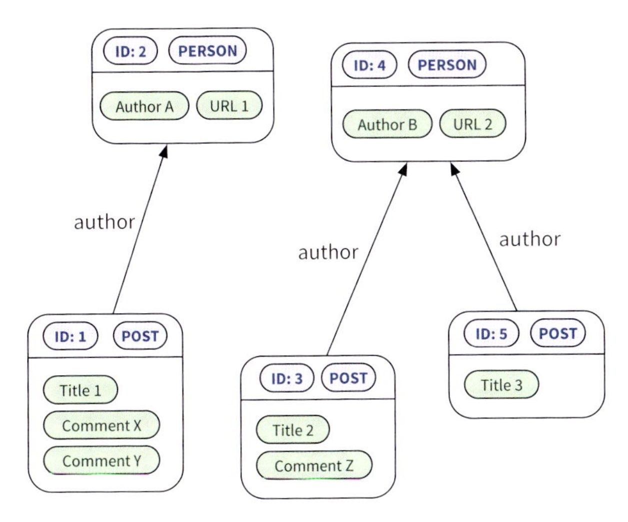

図6-7：グラフデータベース上に格納されたブログ情報

グラフデータベースは最も自由度が高いデータベースです。表とコレクションを手放すことで、ネットワーク状のデータを直観的に保存することができます。都市の地下鉄と路線バスの停留所をホワイトボードに描きたいとき、普通は表状のデータは書きません。一般的には丸や四角、矢印を使います。グラフデータベースでは、こうしたデータを格納できます。

データがネットワーク状のようであれば、グラフデータベースを考慮してください。データ間にたくさんの意味のあるリレーションシップがある場合、グラフデータベースは特に有効です。グラフデータベースでは、各種のグラフ指向のクエリも許されています。たとえば、公共交通機関のデータをグラフデータベースに格納すれば、2つのバス停間の乗換回数1回あるいは2回の最適経路を直接クエリできます。

ビッグデータ

ビッグデータ（big data）という流行り言葉は、データの量（Volume）、発生頻度（Velocity）、多様性（Variety）に関して極めて挑戦的であるデータ処理を意味します[†5]。ビッグデータが指すデータ量とは、LHC（Large Hadron Collider：大型ハドロン衝突型加速器）[†6]のように何千テラバイトにもおよぶデータを処理することを意味します。

ビッグデータが指す発生頻度とは、1秒間に数百万回の書き込みを円滑に、また数十億回の読み出しを素早く行う必要があることを意味します。また、ビッグデータが指す多様性とは、データには強い構造がないことを意味し、従来のリレーショナルデータベースを使って処理することは困難です。

これらデータの量、発生頻度、多様性を理由に、非標準のデータ管理手法が必要であれば、これを「ビッグデータ」アプリケーションと呼んでかまいません。LHCあるいはSKA（Square Kilometer Array：スクエアキロメートルアレイ電波望遠鏡）[†7]などの最新の科学実験を実行するために、コンピュータ科学者は**メガデータ**（megadata）と呼ばれるものをすでに研究しています。これは数百万テラバイトのデータの保存と解析に相当します。

ビッグデータは柔軟性が必要とされるため、しばしば非リレーショナルデータベースに関連付けられます。実際、リレーショナルデータベースを使って各種のビッグデータのアプリケーションを実装することは現実的ではありません。

SQL vs. NoSQL

リレーショナルデータベースはデータ中心で、データがどのように必要とされるかに関わらず、データ構造を最大限に活用し、重複を取り除きます。非リレーショナルデータベースはアプリケーション中心で、必要に応じてアクセスと活用を手助けします。

NoSQLデータベースを使うことで、大規模、揮発性、非構造のデータを素早く、効率的に保存することができます。固定スキーマとスキーママイグレーションを気にすることなく、ソリューションをより素早く開発することができます。非リレーショナルデータベースはプログラマにとって自然で容易であることもしばしばで

†5　これらは英語での頭文字から、3V（three V's）として知られています。変動（Variability）と正確さ（Veracity）を加えて5Vにすることもあります。

†6　LHCは世界最大の粒子加速器です。実験中、この加速器は毎秒1,000テラバイトのデータを生成します。

†7　SKAは2020年から観測を開始する計画の望遠鏡群で、1日あたり100万テラバイトのデータを生成します。

す。

非リレーショナルデータベースは強力ですが、複数のドキュメントと複数のコレクションに渡って重複した情報を更新する責任は**プログラマ**にあります。**プログラマ**は一貫性を維持するために必要とされる処置を講じなければなりません。「大いなる力には、大いなる責任が伴う」ことを思い出してください。

6.3 分散データベース

次の例のように、複数のコンピュータが協調して動作し、単一のデータベースシステムを実現する必要が生じることもあります。

- 数百テラバイトのデータベース：これだけのストレージ空間を単独で有するコンピュータを探し出すことは実用的ではありません。
- 1秒あたり数千件の同時クエリを処理するデータベースシステム[†8]：これだけの負荷を処理するのに足るネットワークと処理能力を単独で有するコンピュータはありません。
- 航空機の現在の高度と速度を記録するなどのミッションクリティカルデータベース：単独のコンピュータに頼るのは、クラッシュによってデータベースが利用不能に陥る可能性があるので非常に危険です。

このような利用想定下では、協調した複数のコンピュータ上で動作する複数のDBMSによる、**分散データベース**（distributed database）システムを構成します。次に分散データベースを構成する一般的な手法を示します。

シングルマスターレプリケーション

1台のコンピュータが**マスター**（master）であり、データベースへのすべてのクエリを受け取ります。マスターにはそれ以外の**スレーブ**（slave）コンピュータが接続されています。各スレーブにはデータベースの複製が存在しています。マスター

†8　2014年ワールドカップの決勝戦の後、Twitterは毎秒10,000件以上の未曾有のツイートを経験しました。

は書き込みクエリを受け取ると、このクエリをスレーブにも転送し、同期を維持します。

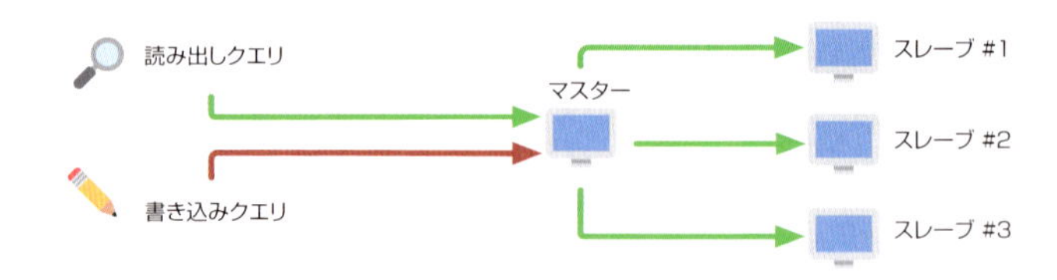

図6-8：シングルマスター分散データベース

この構成であれば、マスターは読み出しクエリをスレーブに委譲できるため、より多くの読み出しクエリを処理できます。また、システムの信頼性も上がります。マスターが止まってしまった場合、スレーブが自動的に協議し、新しいマスターを選択するようにできます。こうすれば、システム自体は止まりません。

多重マスターレプリケーション

データベースシステムが非常に多くの同時書き込みクエリを処理する必要がある場合、単独のマスターがすべての負荷を処理することはできません。この場合、相互接続された複数のコンピュータから構成されるクラスタの、すべてのコンピュータをマスターにして負荷分散を使い、クラスタのマシンに受け取る読み書きクエリを均等に散布します。

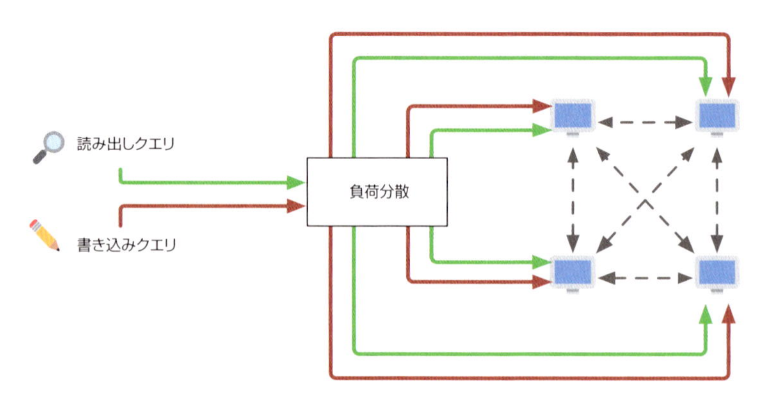

図6-9：多重マスター分散データベース

各コンピュータはクラスタの全マシンに接続され、これらの間で書き込みクエリが伝搬されます。そのため、全マシンは同期状態が維持され、各コンピュータはデータベース全体の複製を持ちます。

シャーディング

データベースが大量のデータの書き込みクエリを多数受け取った場合、クラスタのあらゆるデータベースに対して同期を行うことは困難です。また、いくつかのコンピュータにはデータ全体を格納するのに十分なストレージ空間がない場合、複数のコンピュータにデータベースを分割して配置するという解決策もあります。各マシンはデータベースの一部（シャード）を所有し、クエリルータは関連するマシンにクエリを渡します。

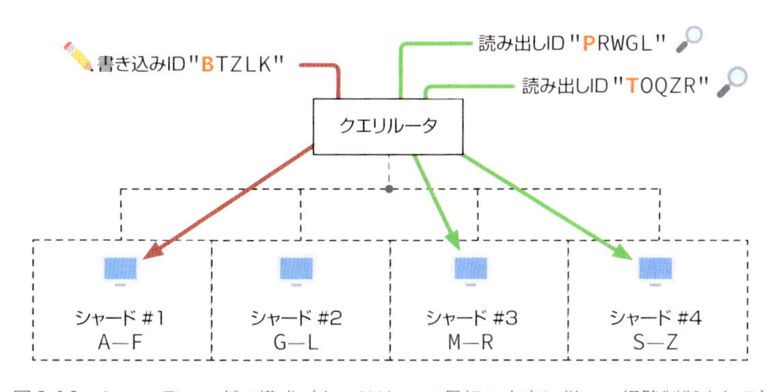

図6-10：シャーディングの構成（クエリはIDの最初の文字に従って経路制御される）

この構成では、超大規模データベースの読み書きクエリを多数処理できます。しかし、クラスタのいずれかのマシンに障害が生じた場合、そのマシンが担当する一部のデータを利用できないという問題があります。このリスクを軽減するために、シャーディングでレプリケーションを使うことができます。

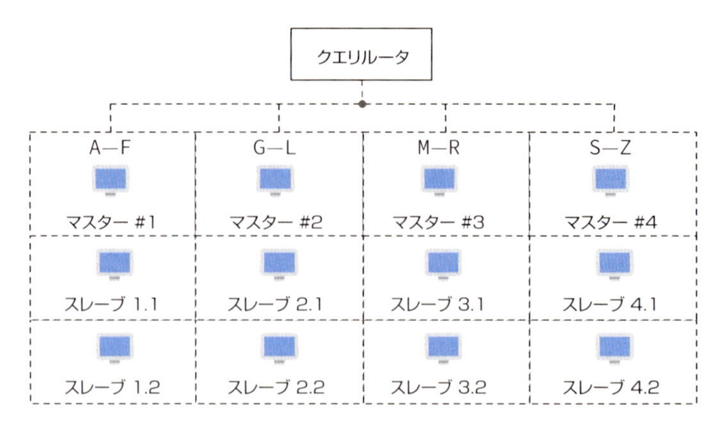

図6-11：シャードごとに3つの複製を有するシャーディング構成

この構成では、各シャードはマスタースレーブクラスタを構成します。これによって、データベースシステムでの読み出しクエリを処理する容量はさらに増加します。また、シャードのメインサーバーのどれかが止まってしまっても、システムがデータを破壊したり失ったりしないように、スレーブは自動的に取ってかわります。

データの一貫性

レプリケーションによる分散データベースでは、あるマシンで行われた更新が瞬時にすべての複製に伝播することはありません。クラスタのすべてのマシンへの同期が完了するまでには時間がかかります。これはデータの一貫性を害する可能性があります。

映画のチケットを販売しているWebサイトを想定します。このサイトではあまりにもたくさんの取引が行われているので、データベースは2台のサーバーに分散されています。アリスはサーバーA上で残り1枚のチケットを買い、同じタイミングでボブはサーバーB上で同じチケットの残数を確認しています。アリスの取引がサーバーBに伝播する前に、ボブがチケットを買います。この瞬間、2つのサーバー上に**データの不一致**（data inconsistency）が存在します。これを修正するには、取引を1つを前に戻し、怒っているふたりのどちらかに謝罪する必要があります。

データベースシステムは、データの不一致を緩和するツールを提供します。たとえば、クラスタ全体でデータの一貫性を保証するクエリを発行できるものがあります。ただし、データの一貫性を保証すると、データベースシステムの性能が低下します。特に、トランザクションは、クラスタのすべてのマシンでの協調を要し、データの更新部分の使用を制限する可能性があるので、分散データベースでは重度の性能問題を引き起こすことがあります。

一貫性と性能とは妥協関係にあります。クエリが強引にデータの一貫性を取ろうとするものでなければ、そのクエリは**結果整合性**（eventual consistency）のもとで動いていると言います。すなわち、少し時間が経つと、結果としては一貫性のあるデータが保証されます。これは、いくつかの書き込みクエリの適用が遅れ、いくつかの読み出しクエリでは古い情報が返される可能性があることを意味します。

多くの場合、結果整合性による稼働でも問題は起きません。たとえば、オンラインで販売している製品の顧客評価の1件が、いま書かれたばかりだとします。本来は285件のところ、284件だけ表示されることがあるかもしれませんが、実害はありません。

6.4 地理情報

多くのデータベースには、都市の位置や国境等を定義するポリゴンなどの地理情報が格納されています。交通機関のアプリケーションでは、道路、線路、駅が相互にどのように接続されているかを地図上に正確に示す必要があります。米国の国勢調査局は、各調査区域で人口情報とともに、数千もの区域の地図作成上の輪郭情報を格納する必要があります。

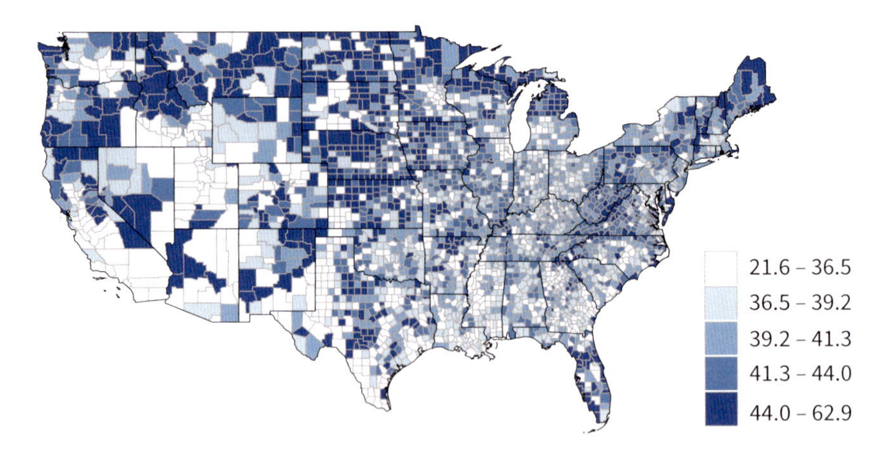

図6-12：米国の年齢の中央値（https://census.gov/）

これらのデータベースでは、空間情報のクエリが重要です。たとえば、救急医療を担当している場合、当該地域の病院の場所に関するデータベースが必要です。このデータベースシステムは、どの場所からでも最も近い病院に即座に回答する必要があります。

このような機能を要求されるアプリケーションは、地理情報システム（Geographical Information Systems：**GIS**）として知られる特殊データベースシステムの開発を切り拓きました。こういったアプリケーションは、PointField、LineField、Polygon Fieldなどの地理データのために、専用に設計されたフィールドを提供します。また、これらのフィールドに対して空間情報のクエリを実行できます。河川と都市のGISデータベースでは、**「ミシシッピ川から10マイル以内の都市を人口順にリストアップする」**といったクエリを直接発行することができます。GISは空間情報インデックスを利用しているため、空間的近接による探索効率が非常に優れています。

これらのシステムでは、空間制約を定義することもできます。たとえば、土地区画を格納する表では、2つの区画が重複して同じ土地を占有することを禁止するという制約を課すことができます。これにより、土地登録業者はたくさんの手間を回避できます。

汎用DBMSの多くはGIS拡張を提供しています。地理データを扱うときはいつでも、GIS拡張が準備されているデータベースエンジンかどうかと、上手にクエリを実行するためにGIS機能を使っているかを確認してください。GISアプリケーションは、たとえばGoogle Maps、WazeなどのGPS地図経路案内で、日常的に使われています。

6.5 シリアライゼーション

複数のシステム間での相互運用を実現するフォーマットで、データベースの外部のデータを格納するにはどうすればよいでしょうか。たとえば、データをバックアップしたり、別のシステムにエクスポートしたりしたいとします。これを行うには、データは**シリアライゼーション**（serialization：直列表現）と呼ばれる手続きを取る必要があります。この手続きでは、データはエンコードフォーマットに従って変換されます。結果のファイルは、そのエンコーディングフォーマットに対応した、あらゆるシステムでも解読できます。次に、データのシリアライゼーションに使われるエンコーディングフォーマットを取り上げます。

SQLは、リレーショナルデータベースをシリアライズするためのフォーマットとして最も一般的です。データベースおよび関連するすべての詳細を複製する、一連のSQLコマンドで表現します。ほとんどのリレーショナルデータベースシステムには、「dump」（ダンプ）という、SQLシリアライズ（直列）ファイルを作成するためのコマンドが準備されています。また、「ダンプファイル」をデータベースシステムに戻すための「restore」（リストア）コマンドも準備されています。

XMLは構造データを表現するもう1つの手法です。XMLは、リレーショナルモデルにもデータベースシステムの実装にも依存しません。XMLは各種の情報処理システム間で相互運用を実現し、データの構造と複雑さを表現するために開発されました。XMLは、XMLがあまりにも非実用的だということを理解していない学者によって開発された、とも言われています。

JSONは、ほとんどの現場での集結先にあたるシリアライズフォーマットで、プログラマが直感的にリレーショナルデータと非リレーショナルデータを表現することができます。JSONには多数の機能が追加され、BSON（Binary JSON）はJSONのデータ処理の効率を最大限に高め、JSON-LDは、JSONでXML構造風の表現を可能にします。

CSV（Comma Separated Values：カンマで区切られた値）は、データ交換のためのフォーマットとしては間違いなく最も単純です。データはテキストで保存され、1行に1つのデータ要素が格納されます。各データ要素のプロパティは、カンマ、またはデータに現れない他の文字で区切られます。CSVは単純なデータをダンプするのに便利ですが、複雑なデータを表現するのは面倒です。

まとめ

この章では、データベース上でデータを構造的に表現することが、データを有用にするために非常に重要であることを学びました。また、これを行うための各種の手法を学びました。リレーショナルモデルがデータをどのように表に分割し、リレーションシップでどのように結び付けるかを確認しました。

ほとんどのプログラマは、リレーショナルモデルで作業することしか学んでいませんが、今回はさらに先まで進みました。データを構造的に表現するための、別の非リレーショナルの手法も扱いました。データの一貫性の問題と、トランザクションを使ってこの問題をどのように緩和できるかを議論しました。また、分散データベースを使って、負荷の大きいデータベースシステムをどのようにスケールするかも議論しました。さらに、GISシステムと、地理データを扱うために提供されている機能も示しました。各種のアプリケーション間でデータを交換するための一般的な手法も示しました。

最後に、特に実験目的でなければ、広く使われているDBMSを選びましょう。広く使われているDBMSはバグが枯れていて、優れた性能が期待できます。データベースシステム選択にも「銀の弾丸」はありません。想定し得るあらゆる利用方法を満足する、最適な選択となる特定のDBMSはありません。この章から各種のDBMSと機能を理解すれば、どれを使えばよいか、見識による選択ができるはずです。

参考文献

- Henry F. Korth, S. Sudarshan, Abraham Silberschatz, “Database System Concepts 7 edition”, Mc Graw Hill India, 2013
- Pramod J. Sadalage, Martin Fowler, “NoSQL Distilled”, Addison-Wesley, 2013
- M. Tamer Özsu, Patrick Valduriez, “Principles of Distributed Database Systems 3rd Ed”, Springer, 2011

CHAPTER 7

コンピュータ

高度に発達した科学技術は魔法と見分けが付かない。
— アーサー C. クラーク

これまで問題解決のために無数のコンピュータが考案されてきました。火星探査ロボットに組み込まれているコンピュータから、原子力潜水艦の航行制御システムを担うものまで、コンピュータの種類は多岐にわたります。ほとんどすべてのコンピュータは、1945年にフォン・ノイマンによって考案された最初のコンピュータと動作原理は同じです。これは、ノートパソコンもスマートフォンも変わりません。本章では次のことを学びます。

- 🏛 コンピュータ**アーキテクチャ**（architecture）の基礎を理解する。
- 🗣 プログラムのソースコードをコンピュータが実行できるように翻訳する**コンパイラ**（compiler）の選択と決定について知る。
- 🐎 **メモリ階層**（memory hierarchy）によって記憶装置（ストレージ）の速度を取引する。

結局のところ、プログラマ以外にとってはプログラミングは魔法のようかもしれませんが、プログラマにとっては魔法ではありません。

7.1 アーキテクチャ

コンピュータとは、データを操作するための命令に従う機械です。この機械にはプロセッサとメモリという2大構成要素があります。メモリ、すなわちRAM

(Random Access Memory：ランダムアクセスメモリ）は命令を書き込む場所で、操作対象のデータも格納されます。プロセッサ、すなわちCPU（Central Processing Unit：中央演算処理装置）は、メモリから命令およびデータを取得し、計算を実行します。次に、これら2大構成要素がどのように動作するかを学びましょう。

メモリ

メモリは多くのセルから構成されています。各セルは、微量のデータを格納し、数値アドレスを持っています。メモリのデータの読み書きは、一度に1つのセルに対する操作で行われます。特定のメモリセルを読み書きするには、そのセルの数値アドレスを取得する必要があります。

メモリは電気部品ですから、セルのアドレスを2進数[†1]で配線を使って取得します。各配線は2進数の各桁を伝導します。配線は「1」の信号に対して高い電圧、「0」の信号に対して低い電圧に設定されます。

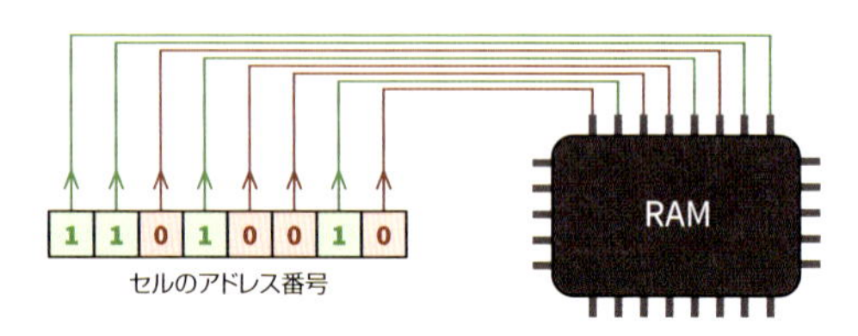

図7-1：セル# 210（11010010）上を操作するようにRAMに連絡する

メモリは、所定のセルのアドレスに対して、値を取得するか、新しい値を格納するかという2つのことを実行できます。メモリには、動作状態を設定するための専用の入力線があります。

---

†1　2進数は2進法で表現されます。2進法の動作は附録Iを参照してください。

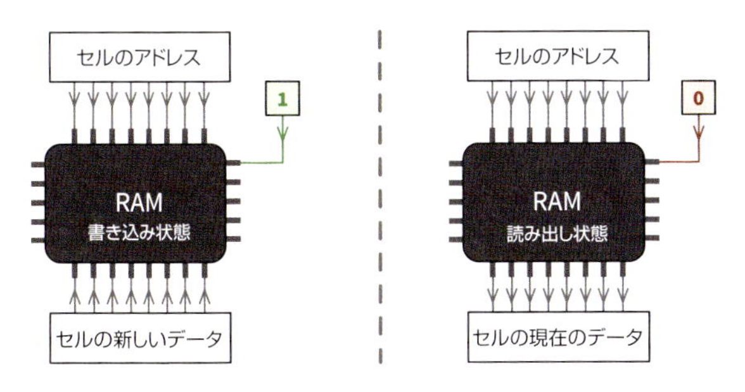

図7-2：メモリは読み出し状態あるいは書き込み状態で操作する

通常、各メモリセルは8桁の2進数を格納します。この8桁の2進数は**バイト**(byte) と呼ばれます。「読み出し」状態では、メモリはセルに記憶されたバイトを取り出し、8本のデータ伝達線で出力します。

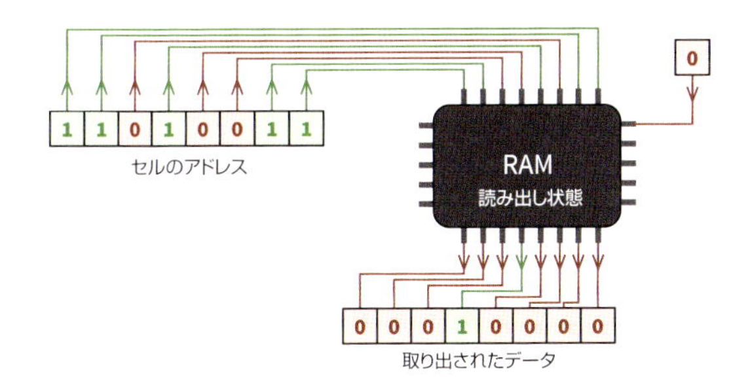

図7-3：メモリアドレス211から数値16を読み出す

メモリが「書き込み」状態にあるとき、メモリはこれらの配線からバイトを**取得し**、連絡されたセルに書き込みます。

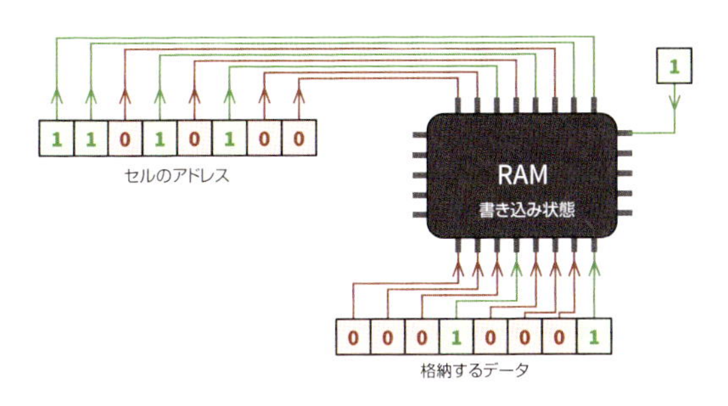

図7-4：メモリアドレス212に数値17を書き込む

このように1つのデータを伝達するために使われる配線をまとめたものを**バス**（bus）と呼びます。アドレスを伝達するために使われた8本の配線が**アドレスバス**（address bus）を構成し、メモリセルとの間でデータを伝達するために使われたもう8本の配線が**データバス**（data bus）を構成します。アドレスバスは単方向（データ受信のみ使用）ですが、データバスは両方向（データの送受信に使用）です。

どんなコンピュータでも、CPUとRAMは常にデータを交換しています。CPUはメモリから命令およびデータを取り出し続け、必要に応じて出力および部分計算をメモリに保存します。

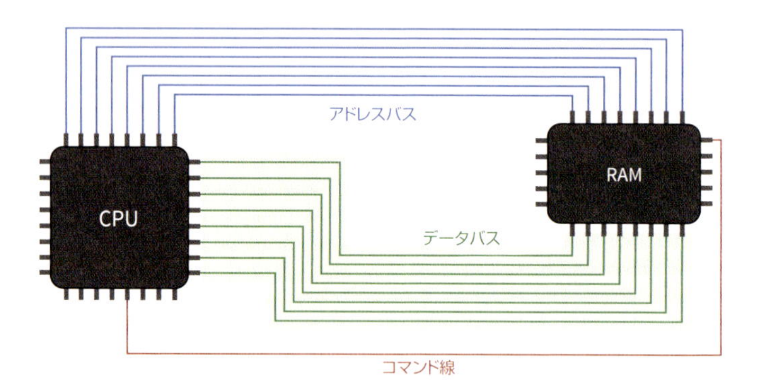

図7-5：CPUはRAMに接続されている

CPU

CPUには、**レジスタ**（register）と呼ばれる内部メモリセルがいくつかあります。CPUは、これらのレジスタに格納された数値で基本的な算術演算を実行できます。また、RAMとこれらのレジスタ間でデータを移動することもできます。次にCPUに実行を指示できる命令の例を示します。

- メモリ位置#220のデータをレジスタ#3に複写する。
- レジスタ#3の数値をレジスタ#1の数値に足す。

CPUが実行できる全命令の集合を**命令セット**（instruction set）と呼びます。命令セット内の各命令には数値が割り当てられます。コンピュータのプログラムコードは、本質的にはCPUの命令を示す一連の数値です。これらの命令は数値としてRAM上に格納されます。したがって、プログラムコード、入出力データ、処理中のデータのすべてがRAM上に一緒に格納されます[†2]。

CPU命令に数値がどのように割り当てられているかを示すため、CPUマニュアルの例を図7-6にあげます。CPU製造技術が進歩するに従って、CPUは多くの命令を準備し続けました。現代のCPUの命令セットは巨大です。しかし、基本の命令は何十年も前から存在しているものばかりです。

4004 Instruction Set

BASIC INSTRUCTIONS

MNEMONIC	OPR D_3 D_2 D_1 D_0	OPA D_3 D_2 D_1 D_0	DESCRIPTION OF OPERATION
NOP	0 0 0 0	0 0 0 0	No operation.
INC	0 1 1 0	R R R R	Increment contents of register RRRR.
ADD	1 0 0 0	R R R R	Add contents of register RRRR to accumulator with carry.
LD	1 0 1 0	R R R R	Load contents of register RRRR to accumulator.
LDM	1 1 0 1	D D D D	Load data DDDD to accumulator.
CLC	1 1 1 1	0 0 0 1	Clear carry.
IAC	1 1 1 1	0 0 1 0	Increment accumulator.
DAC	1 1 1 1	1 0 0 0	Decrement accumulator.

図7-6：1971年に公開された世界最初のCPUであるインテル4004のデータシートからの抜粋（命令に数値がどのように割り当てられているかを示している）

CPUはメモリから命令を読み出して実行することを無限に繰り返します。この繰り返しの中核は、PCレジスタ、すなわち、プログラムカウンタ（Program Counter）です[†3]。PCレジスタは、実行する次の命令のメモリアドレスを格納している専用レジスタです。CPUは次のように動きます。

1　PCレジスタによって示されるメモリアドレスの命令を取り出す。
2　PCレジスタを1進める。

†2　プログラムコードは、RAM上の自分自身を書き直す命令を準備すれば、自分自身を変更することもできます。コンピュータウイルスは、アンチウイルスソフトウェアによる検出を困難にしようと、この命令を実行することがあります。これは生物学上のウイルスが感染した宿主の免疫系から隠れるために自身のDNAを変更するのに非常によく似ています。

†3　この「PC」レジスタは、**パソコン**（Personal Computer：パーソナルコンピュータ）の頭字語と区別してください。

3　命令を実行する。

4　1に戻る。

CPUの始動時にPCレジスタは既定値に戻されます。PCレジスタの既定値は、コンピュータで最初に実行される命令のアドレスです。通常、コンピュータの基本機能[†4]を準備する役目を果たす、読み出し専用の組み込みプログラムが最初に実行されます。

CPUは、起動後からシャットダウンまで、この取り出し実行サイクルを続けます。しかし、CPUが順番に逐次の命令を実行するだけであれば、これは単に極上の電卓に過ぎません。CPUの素晴らしいところは、PCレジスタに新しい値を書き込み、分岐（メモリの別の場所に「ジャンプ」すること）を指示できるところです。この分岐には条件を付けることができます。たとえば、CPU命令は**「レジスタ#1が0であれば、PCレジスタをアドレス#200にする」**という指示ができます。これにより、コンピュータは、次のプログラムに相当するものを実行できます。

```
if x = 0
    compute_this()
else
    compute_that()
```

これだけのことです。Webサイトを閲覧したり、コンピュータゲームを遊んだり、スプレッドシートを編集したりしても、行っている計算自体は常に同じで、メモリ上のデータの加算、比較、移動等の一連の単純演算です。

これらの単純命令をたくさん並べて、さまざまな手続きを表現することができます。たとえば、ビデオゲームの古典「スペースインベーダ」のプログラムコードは約3,000の命令から構成されていました。

---

†4　多くのパソコンでは、このプログラムをバイオス（BIOS：Basic Input/Output System）と呼びます。

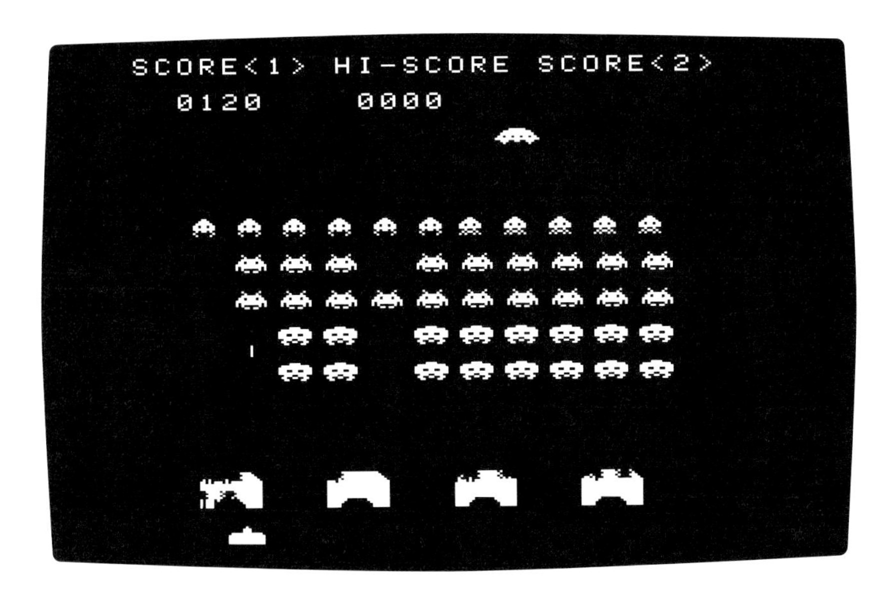

図7-7：スペースインベーダは、1978年に公開されて以来、
最も影響力を持ったビデオゲームとされている

●CPUクロック

1980年代を振り返ると、当時はスペースインベーダが大人気で、2MHzのCPUを搭載したアーケード機でこのゲームを遊んだものです。2MHzという数値は、CPUの**クロック**（clock）で、CPUの1秒あたりの実行サイクル数を示します。この2MHz（200万ヘルツ）のクロック数の下では、CPUは毎秒約200万回のサイクルを実行します。コンピュータの基本命令を1つ完了するには、5～10の実行サイクルが必要です。つまり、この骨董品のアーケード機は**毎秒数十万**の基本命令を実行していたことになります。

技術進歩により、通常のデスクトップコンピュータやスマートフォンは、だいたい2GHzのCPUを搭載しています。これらは毎秒数億の基本命令を実行できます。最近は多重コアCPUの搭載が通常であり、クアッドコアの2GHz CPUは、毎秒10億回近くの基本命令を実行できます。今後、次第に多数のコアがCPUに搭載されることでしょう†5。

†5　2016年には、1,000コアのCPUが研究者によって発表されています。

●CPUアーキテクチャ

プレイステーションのCDをデスクトップコンピュータに挿入しても、ゲームを始めることができないのはなぜでしょう。macOSでiPhoneアプリケーションを実行できないのはなぜでしょう。理由は単純です。CPUアーキテクチャが違うからです。

今日では、x86アーキテクチャがある程度標準的ですから、ほとんどのパーソナルコンピュータで同じプログラムコードを実行できます。しかし、たとえばスマートフォンはもっと電力効率のよいアーキテクチャを持ったCPUを使っています。別々のCPUアーキテクチャは別々のCPU命令セットを準備しているので、命令を数値としてエンコードする規則が異なります。デスクトップCPUの命令として解釈される数値は、スマートフォンのCPUの命令としては有効ではありません。また、この逆も同様です。

●32-bit vs. 64-bitアーキテクチャ

インテル4004と呼ばれる世界最初のCPUは4-bitアーキテクチャで作られました。これは、1つのCPU命令で最大4桁の2進数に対して、加算、比較、移動といった演算ができるという意味です。4004にはデータバスとアドレスバスが各4本しかありませんでした。

4-bit CPUの後すぐに8-bit CPUが普及しました。このCPUは、DOS（Disk Operating System：ディスクオペレーティングシステム）[†6]が動作する、初期のパーソナルコンピュータで使われました。1980〜1990年代の携帯ゲーム機の代表格であったゲームボーイも8-bitプロセッサを搭載していました。これらのCPUの1命令は8桁の2進数を演算できました。

急速な技術進歩の結果、16-bit、次に32-bitのアーキテクチャが普及しました。CPUレジスタは32-bitの数値に対応するように拡げられ、必然的にデータバスとアドレスバスも拡張されました。32本のアドレスバスでは、2^{32}バイト（4GB）のメモリをアドレス指定することができます。

私たちのコンピュータ能力に対する渇望は激しさを増し、コンピュータプログラムは複雑さを増し、さらに多くのメモリを必要とし、4GバイトのRAMが小さすぎると感じる段階が来ました。また、32-bitレジスタに収まる数値アドレスで4GB以

†6　本章では、オペレーティングシステムにも触れます。

上のメモリをアドレス指定するのは面倒くさく、そのための策を講じる必要も生じました。結果、今日のスタンダードである64-bitアーキテクチャが登場しました。64-bit CPUを使うと、非常に大きい数値を単一の命令で演算できます。また、64-bitレジスタは非常に大きいメモリ空間のアドレスを格納できます。2^{64}バイトは170億Gバイト以上です。

●ビッグエンディアン vs. リトルエンディアン

あるコンピュータの設計者は、**リトルエンディアン**（little-endian）として知られる手法で、RAMとCPUに数値を左から右に格納するのが妥当だと思っていましたが、別の設計者は、**ビッグエンディアン**（big-endian）として知られる手法で、右から左へ格納することを選びました。2進数の列`1-0-0-0-0-0-1-1`は「エンディアン」次第で別の数値を意味します。

- ビッグエンディアン：$2^7 + 2^1 + 2^0 = 131$
- リトルエンディアン：$2^0 + 2^6 + 2^7 = 193$

今日のほとんどのCPUはリトルエンディアンですが、世の中にはビッグエンディアンのコンピュータも多数あります。リトルエンディアンCPUで生成されたデータをビッグエンディアンCPUで解釈する必要がある場合は、**エンディアン不一致**（endianness mismatch）を回避するための対処を講じる必要があります。特にネットワークスイッチから出てくるデータを解析するなど、2進数の数値の列（バイナリ）を直接処理するプログラマはこのことに気を付けてください。今日のコンピュータの大半はリトルエンディアンであるにもかかわらず、インターネット上の情報はビッグエンディアンで標準が制定されました。これは初期のネットワークルータのほとんどがビッグエンディアンのCPUを持っていたためです。ビッグエンディアンのデータは、リトルエンディアンとして読み出すと正しく解釈できません。逆も同様です。

●エミュレータ

自分のコンピュータで、別のCPU用に書かれたプログラムコードを動かすことができれば、iPhoneなしでiPhoneのアプリケーションを試したり、愛蔵していた骨董品のスーパーファミコンゲームを楽しんだりできるので、便利です。これを実現するために、**エミュレータ**（emulator）と呼ばれるソフトウェアがあります。

エミュレータは対象のコンピュータを模倣します。要するに、同じCPU、RAM、ハードウェアであるかのように振る舞うのです。エミュレータプログラムによって、命令は解読され、模倣するコンピュータ上で実行されます。あるコンピュータを別のコンピュータ上で模倣するのは、両者のアーキテクチャが違う場合は、想像以上に複雑です。しかし、現在のコンピュータは古いものよりもはるかに高速ですから、これは実現可能です。ゲームボーイのエミュレータを入手し、コンピュータ上に仮想のゲームボーイを作成し、本物のゲームボーイと同じようにゲームを遊ぶことができます。

7.2 コンパイラ

プログラミングすることで、核磁気共鳴画像（Magnetic Resonance Imaging：MRI）を実行したり、音声を認識したり、ほかの惑星を探索したりと、さまざまな難しい仕事をコンピュータが処理できるようになります。驚くべきは、コンピュータが最終的に本当にできることは、数値を足したり比較したりというCPUにある単純命令の実行だけだということです。Webブラウザのように凝ったコンピュータプログラムには何百万または何十億ものCPU命令が必要です。

しかし、CPU命令でプログラムを直接書くことは滅多にありません。また、CPU命令で、直接、リアリティがある3Dコンピュータゲームを作成すること自体困難です。コンピュータに対する指示をより「自然」でコンパクトに表現するために、**プログラミング言語**（programming language）[†7]というものがあります。この言語を使ってソースコードを書き、次に**コンパイラ**（compiler）と呼ばれるプログラムを使って、書かれた指示をCPUが実行できるCPU命令に翻訳します。

コンパイラが何をするのかを示すために、数学に似た例を取り上げます。誰かに5の階乗の計算を頼むとします。

$$5! = ?$$

しかし、計算を依頼した相手が、階乗が何であるかを理解していない場合、この

†7　プログラミング言語は次章で学びます。

依頼は意味がありません。単純演算だけを使って、もうすこし簡単に言い直す必要があります。

$$5 \times 4 \times 3 \times 2 \times 1 = ?$$

また、実行できる演算が足し算だけに限定されるとすれば、さらに計算式を単純にする必要があります。

$$5+5+5+5+5+5+5+5+5+5+5+5+$$
$$5+5+5+5+5+5+5+5+5+5+5+5 = ?$$

計算式を単純にしていくと、次第に演算が増加します。これはコンピュータのプログラムコードでも同じです。コンパイラは、プログラミング言語での抽象度の高い命令を同等のCPU命令に翻訳します。外部ライブラリを併用することで、数十億のCPU命令から構成される、複雑すぎるプログラムを比較的短いソースコードで表現でき、またこのソースコードは簡単に理解し変更できるという特徴があります。

コンピュータの父とされるアラン・チューリングは、機械自体が単純であっても、計算可能である**何か**を計算するのに十分足りることを発見しました。ある機械が万能の計算能力を有するためには、次の命令からなるプログラムに従う必要があります。

- メモリのデータを読み書きする。
- 条件分岐を実行する（あるメモリアドレスの内容が所定の値であったとき、プログラムの別の位置にジャンプする）。

このような万能の計算能力を有する機械は**チューリング完全**（turing-complete）であると呼ばれます。計算の複雑さと難しさの程度は問題ではありません。機械は読み、書き、分岐という単純命令で表現されます。時間とメモリが十分であればこれらの命令は何でも計算できます。

図7-8：http://geek-and-poke.comより

最近、「move」（MOV）と呼ばれるCPU命令がチューリング完全であることが示されました。これは、MOV命令しか実行できないCPUであっても、一人前のCPUのできることは何でもできるということを意味します。要するに、あらゆる種類のプログラムコードは、MOV命令で厳密に表現することができます†8。

ここで、プログラミング言語でプログラムを書けば、あらゆるチューリング完全マシンで実行可能に書き直すことができるという概念が重要です。チューリング完全マシンがどれだけ単純だとしても、です。コンパイラは、凝った言語で書かれたソースコードを自動的に単純に翻訳する魔法のプログラムです。

---

†8　あらゆるCのプログラムコードをMOVのみのCPU命令コードに翻訳するコンパイラを確認してみてください（https://github.com/Battelle/movfuscator）。

オペレーティングシステム

コンパイル済みのコンピュータプログラムは本質的には一連のCPU命令です。すでに学んだように、デスクトップコンピュータ用にコンパイルされた機械語コード（CPU命令の2進数の列）は、別のアーキテクチャのCPUを搭載したスマートフォンでは実行できません。さらに、コンパイル済みのプログラムは、同じアーキテクチャのCPUを搭載した別のコンピュータで実行できないこともあります。これはプログラムはコンピュータの**オペレーティングシステム**（Operating System：OS）と連携する必要があるからです。

コンピュータの外の世界と結び付くには、ファイルを開いたり、画面にメッセージを表示したり、ネットワーク接続を開いたりするなど、プログラムは何らかの入出力を行わなければなりません。しかし、コンピュータはさまざまなハードウェアを搭載しているため、個々のプログラムがあらゆる種類の画面、サウンドカード、ネットワークカードなどに直接対処することは困難です。

このため、プログラムは処理の実行をオペレーティングシステムに依存しています。オペレーティングシステムの助けを借りることで、プログラムは各種のハードウェアに楽々と対処できます。プログラムは専用の**システムコール**（system call）を呼び出し、必要となる入出力処理を実行するよう、オペレーティングシステムにリクエストします。コンパイラは、入出力命令をオペレーティングシステムに適したシステムコールに変換するのです。

ただし、各オペレーティングシステムが相互に互換性のないシステムコールを準備していることもよくあることです。Windowsで画面に何かを表示するシステムコールはmacOSあるいはLinuxで使われているシステムコールとは違います。

x86プロセッサを搭載したWindows上で動作するようにコンパイルされたプログラムは、同じx86プロセッサを搭載したMacOS上では動作しません。コンパイル済み機械語コードは、特定のCPUアーキテクチャを対象とすると同時に特定のオペレーティングシステムを対象としています。

コンパイラの最適処理

優れたコンパイラは、生成する機械語コードを最適にするために努力を惜しみません。プログラムコードの一部を等価のまま効率のよいものに変換できることに気付いたコンパイラはこの変換を実行します。コンパイラは、最終の最適プログラムを生成するまでに数百にもおよぶ変換規則を試みようとします。

ですから、プログラムを最適にするための細かい変換が成功するように、ソースコードを読み易くしてください。いずれにしても、最終的にはコンパイラはプログラムを最適にすべく、すべての細かい変換を行います。たとえば、次のプログラムはどうでしょうか。

```
function factorial(n)
    if n > 1
        return factorial(n - 1) * n
    else
        return 1
```

このプログラムは次のプログラムに置換すべきです。

```
function factorial(n)
    result ← 1
    while n > 1
        result ← result * n
        n ← n - 1
    return result
```

なぜなら、再帰なしでfactorialの計算を実行すると、計算に使用できる資源の消費が減るからです。しかし、ソースコード自体を変更する必要はありません。最新のコンパイラは再帰関数が単純であれば自動的に書き直します。別の例を示します。

```
i ←  x + y + 1
j ←  x + y
```

コンパイラはx + yが2回計算されているのを避けるため、次のように書き直します。

```
t1 ←  x + y
i ← t1 + 1
j ← t1
```

きれいで、一目瞭然のソースコードを書くように心がけてください。性能上の問題がある場合は、プロファイリングツールを使ってプログラムのボトルネックを発見し、問題の箇所を洗練された手法で処理することを試みるとよいでしょう。無用の細かいソースコード管理は時間の無駄です。

しかし、コンパイル自体を省きたいこともあります。その解決策を示します。

スクリプト言語

スクリプト言語（scripting language）と呼ばれるプログラミング言語には、機械語コードへのコンパイルなしに、プログラムを実行するものがあります。JavaScript、Python、Rubyなどがそうです。これらの言語のソースコードは、CPUによって直接実行されるのではなく、プログラムを実行しているコンピュータにインストールされた**インタプリタ**（interpreter）によって実行されます。

インタプリタはソースコードを実行時に逐次翻訳するので、通常はコンパイル済みコードよりも実行速度は**だいぶ**遅くなります。しかし、プログラマは、コンパイルのプロセスが終わるのを待つことなく、すぐにプログラムを実行できます。プロジェクトが非常に大きい場合、コンパイルに数時間かかることもあるのですから。

図7-9：コンパイル中（http://xkcd.comより）

Googleのエンジニアは常に大量のプログラムをコンパイルする必要があり、プログラマはたくさんの時間を「無駄」にしていました（図7-9）。 Googleはコンパイル済みの機械語コードによる高い性能を必要としたため、スクリプト言語に切り替えることができませんでした。そこで、非常に高速にコンパイルできて、高い性能を維持できるGo言語を開発しました。

逆アセンブルとリバースエンジニアリング

コンパイル済みのコンピュータプログラムを、コンパイル前のソースコードに復元することは不可能です[†9]。しかし、CPU命令をエンコードした数値を、人が読める一連の命令に変換することで、機械語コードとなったプログラムを解読することは可能です。この処理を**逆アセンブル**（disassembly）と呼びます。

処理されたCPU命令を眺めれば、プログラムが何をしているのかを理解できます。このプロセスを**リバースエンジニアリング**（reverse engineering）と呼びます。逆アセンブリプログラムは、システムコールと頻繁に使われる関数を自動的に検出し、注解を付けてくれるので、実行内容の理解をとても楽にしてくれます。逆アセンブリツールを使用すると、ハッカーは機械語コードが行うあらゆる演算を理解することができます。IT関係の有名企業の多くには、秘密のリバースエンジニアリングラボがあり、コンピュータのソフトウェアを研究していることでしょう。

アンダーグラウンドハッカーは、Windows、Photoshop、Grand Theft Autoなどのライセンスを要するプログラムの機械語コードを解析し、機械語コードのどの部分がライセンスの検証をしているかを調べることがあります。彼らは、機械語コードを変更し、ライセンスが検証された後に実行される機械語コードの部分へ直接`JUMP`する命令を配置します。変更されたプログラムは起動すると、`JUMP`コマンドが挿入されているためライセンス検証を回避し、つまり、支払いなしのまま違法状態の海賊版となったアプリケーションとして実行できてしまいます。

秘密の諜報機関のために働くセキュリティ関係の研究者およびエンジニアも、iOS、Windows、Internet Explorerといった、一般に普及した消費者向けソフトウェアを研究する実験室を持っています。彼らは、これらのプログラムに潜在的に存在するセキュリティの問題を特定し、サイバー攻撃から利用者を守ったり、高価値目標（HVT）に忍び込んだりします。この手の攻撃では、米国とイスラエルの機関によって開発されたサイバー兵器であるStuxnet（スタックスネット）が最も有

---

†9　とにかく今のところは不可能です。今後、人工知能技術の発展によって、実現できるかもしれませんが。

名です。Stuxnetは、イランの秘密の核融合炉を制御していたコンピュータに感染し、イランの核開発計画を押し留めました。

オープンソースソフトウェア

先に取り上げたように、機械語コードの実行可能ファイルから、当のプログラムの生の命令を解析することはできますが、機械語コードを生成するために使われたもともとのソースコードを取り戻すことはできません。

もともとのソースコードがなくても、機械語コードをちょっといじって少しだけ変更する程度のことはできますが、新しい機能を追加するなど、プログラムを大幅に変更することは事実上不可能です。そこでプログラムを協働で開発したほうがいいという思想の人々が、誰もが変更できるようにソースコードの公開を始めました。これが誰でも自由に使用し、変更できるソフトウェアであるオープンソースの根幹の概念です。Windowsと macOSはクローズドソースですが、Linuxカーネルによるオペレーティングシステム（Ubuntu、Fedora、Debianなど）はオープンソースです。

オープンソースのオペレーティングシステムには、誰でもセキュリティ上の脆弱性を探すためにソースコードを精査できるという興味深い強みがあります。実際、日常的に使われる消費者向けソフトウェアの更新プログラムが未適用だったため、セキュリティ上の弱点を悪用し、政府機関が数百万名の人々を監視していたことが確認されたりしています。

オープンソースのソフトウェアでは、ソースコードに対し、たくさんの目があるため、悪意のある第三者や政府機関が監視用のバックドア[†10]を挿入するのは困難です。macOSあるいはWindowsでは、アップルあるいはマイクロソフトがセキュリティを脅かさず、重度のセキュリティ上の欠陥を防ぐために最善を尽くしていることを信頼せざるを得ません。他方、オープンソースのシステムは大衆の目に公開されているため、セキュリティ上の欠陥が気付かれずに流出する機会は滅多にありません。

---

†10　正規の経路を使用せずにシステム内に侵入できるよう作られた「裏口」あるいは「抜け道」のこと。

7.3 記憶階層

コンピュータはCPUが単純命令を実行することで動作します。これらの命令はCPUレジスタに格納されたデータを演算することしかできません。しかし、レジスタの記憶領域は通常1,000バイト未満に制限されています。そのため、CPUレジスタは常にRAMとの間でデータを転送する必要があります。メモリアクセスが遅い場合、CPUはアイドル（未使用）状態のままで、RAMの動作を待っています。メモリにデータを読み書きするのにかかる時間はコンピュータの性能に直接関わってきます。メモリの速度を上げれば、CPUの速度を上げるのと同じくらい、コンピュータの速度を押し上げます。CPUレジスタのデータはCPUからたった1CPUサイクルで瞬時にアクセスされます[†11]。しかし、RAMは遅すぎます。

プロセッサとメモリの差

最近の技術革新によってCPUの速度は爆発的に加速しました。メモリの速度も速まりましたが、CPUほどではありません。CPUとRAMの間の性能差は**プロセッサとメモリの差**（Processor-Memory Gap）として知られています。CPU命令は低コストであり、たくさんの命令を実行できるのですが、RAMからデータを取得するのは高コストであり、時間がかかります。この差が広がるに従って、効率的にメモリアクセスすることの重要性が増しました。

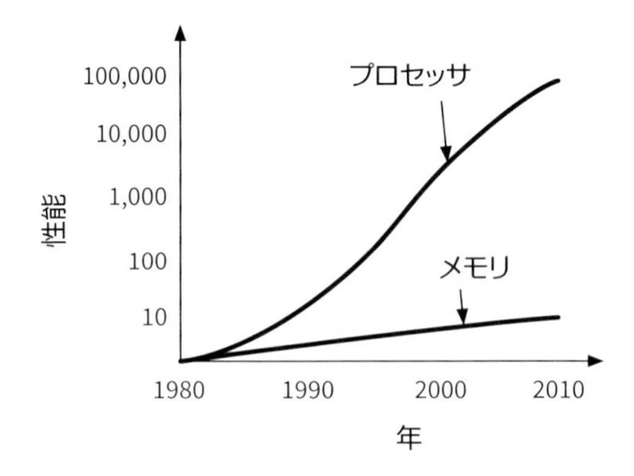

図7-10：過去数十年のプロセッサとメモリの差（縦軸は対数）

†11　1GHzクロックのCPUの1CPUサイクルは約10億分の1秒で、本書から皆さんの目に向かって光が到達するのに要する時間と同じです。

最近のコンピュータでは、RAMからデータを取得するのに約1,000CPUサイクル（約1マイクロ秒）が必要です[†12]。これは驚くほど高速ですが、CPUレジスタへのアクセスと比べると未来永劫と誤解するほど遅いので、コンピュータ科学者は、計算に要するRAM操作の数を減らす手段を探し始めました。

時間的および空間的局所性

コンピュータ科学者はRAMアクセスを最小限に留める際に次の2件に気が付きました。

- **時間的局所性**（temporal locality）：あるメモリアドレスがアクセスされた直後に、高確率で再び同じアドレスがアクセスされる。
- **空間的局所性**（spatial locality）：あるメモリアドレスがアクセスされた直後に、高確率で隣接するアドレスがアクセスされる。

このようにアクセスを見込んで、対象のメモリアドレスをCPUレジスタに格納するというのは素晴らしいアイデアであり、これができれば高コストのRAM操作の大半を回避することができます。しかし、CPU製造のエンジニアは、これに足るだけの内部レジスタを実装したCPUの設計を、実現可能なレベルで探し出すことはできませんでした。けれども、彼らは時間的および空間的局所性を活かす素晴らしい仕組みを探し出しました。この仕組みがどのように機能するかを確認しましょう。

L1キャッシュ

極めて速い補助メモリをCPU組み込みで構築することができます。これを**L1キャッシュ**（L1 cache：第1次キャッシュメモリ）と呼びます。このメモリからデータをレジスタに取得するのは、レジスタ自体からデータを取得するよりも少し遅い程度です。

CPUレジスタの近くの高確率でアクセスされるメモリアドレスの内容をL1キャッシュにコピーすれば、これらの内容は極めて高速度でCPUレジスタに読み

---

†12　皆さんの声が目の前の人々に到達するのに約10マイクロ秒かかります。

込めます。L1キャッシュからレジスタへのデータの取得には約10CPUサイクルしかかからず、RAMからの読み出しと比較すれば、100倍高速です。

約10KBのL1キャッシュメモリと時間的および空間的局所性の活用により、RAMアクセス呼び出しの半分以上はキャッシュだけで対処できます。この発明はコンピュータ技術に革命をもたらしました。CPUにL1キャッシュを実装すればデータの待ち時間が大幅に短縮でき、CPUはアイドル状態の代わりに実際の計算にはるかに多くの時間を費やすことができます。

L2キャッシュ

L1キャッシュを大きくすれば、RAMからのデータ読み出しが減り、CPU待ち時間がさらに減るのですが、速度を維持したままL1キャッシュを大きくするのは困難です。L1キャッシュを約50KB以上にするのは非常にコストがかかります。この問題をクリアするには、追加のメモリキャッシュとして**L2キャッシュ**（L2 cache：第2次キャッシュメモリ）を構築することが優れたソリューションです。L2キャッシュが多少低速でもよければ、L1キャッシュよりも遥かに大きいメモリキャッシュを搭載できます。最新のCPUには約200KBのL2キャッシュを搭載しているものもあります。L2キャッシュがCPUレジスタのデータを取得するには約100CPUサイクルかかります。

L1キャッシュに高い確率でアクセスされるメモリの内容をコピーし、次に高い確率でアクセスされるメモリの内容をL2キャッシュにコピーします。対象のメモリアドレスのコピーがL1キャッシュになければ、CPUは引き続きL2キャッシュを試します。どちらのキャッシュにもない場合にのみ、RAMにアクセスします。

多くのCPUメーカーは現在、L3キャッシュを搭載したプロセッサを出荷しています。L3キャッシュはL2キャッシュよりも、よりも大きくて遅いのですが、しかしRAMよりは遥かに高速です。L1、L2、L3キャッシュは非常に重要ですから、CPUのシリコン空間の大部分を占有します。

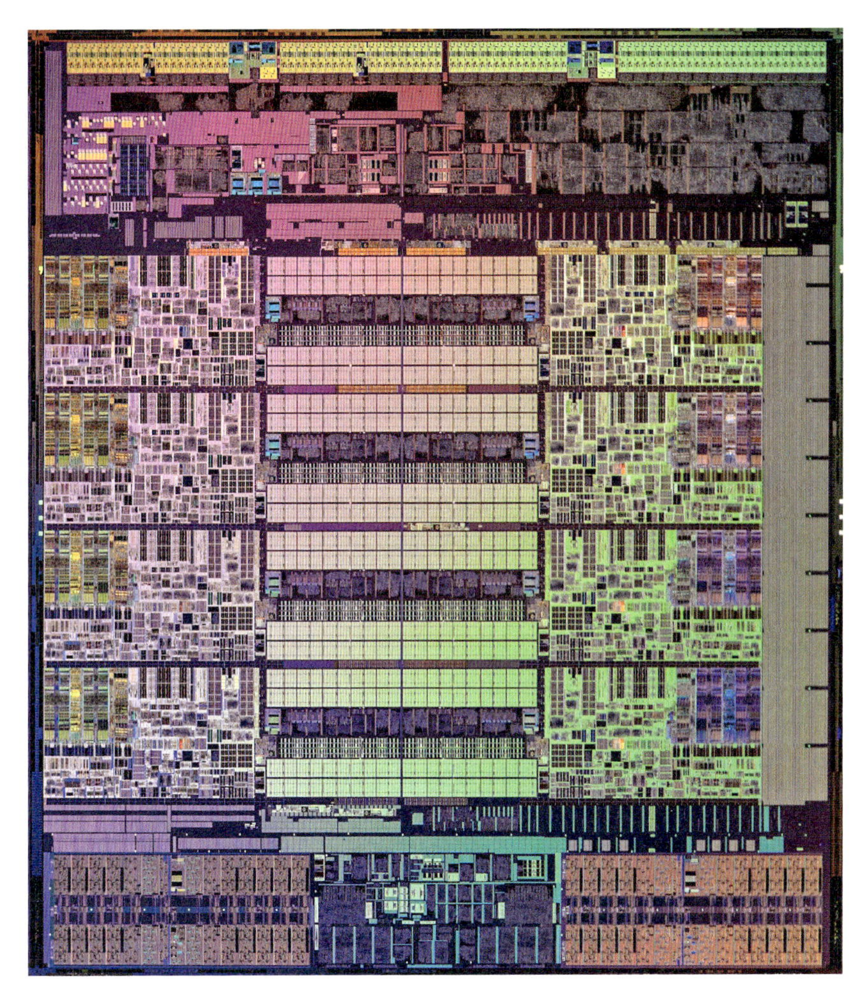

図7-11：Intel Haswell-Eプロセッサの顕微鏡写真
（中央の真四角の多数の構造物が各20MBのL3キャッシュ）

L1、L2、L3キャッシュを使用すると、コンピュータの性能が劇的に上がります。200KBのL2キャッシュでは、CPUがメモリから直接読み出す必要があるのは10%未満です。次にコンピュータを新調するときは、CPUのL1、L2、L3キャッシュの大きさを比較してみましょう。いいCPUのほうが大きいキャッシュを搭載している傾向にあります。遅いクロックでもキャッシュが大きいCPUを選ぶほうが望ましいことが多いはずです。

第1次メモリ vs. 第2次メモリ

ご存知のように、コンピュータには各種のメモリが階層的に配置されています。最高性能のメモリは非常に高価であるため、大きさには限りがあります。階層を下るに従って、大きいメモリ空間を使うことができますが、アクセス速度は下がります。

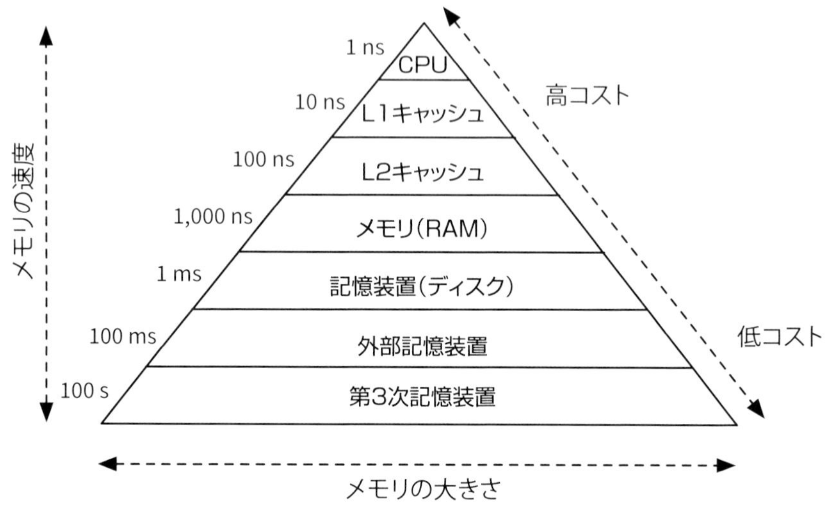

図7-12：記憶階層

メモリ階層では、CPUのレジスタとキャッシュの次が**RAM**です。RAMは、現在実行中のすべてのプロセスのデータとプログラムを格納します。2017年現在、コンピュータには通常1～10GBのRAMが搭載されていますが、多くの場合、これでは、実行中のプログラムとコンピュータのオペレーティングシステムに対して不足するかもしれません。

RAMが不足する場合、記憶階層を掘り進み、**ハードディスク**（hard disk）を使う必要があります。2018年現在、コンピュータには通常数百GBのハードディスクが搭載され、これは、現在実行中のすべてのプログラムのデータに対して十分と言えます。RAMが溢れたら、現在アイドル状態のデータをハードディスクに移動してメモリの一部を解放します。

この際、発生する問題は、ハードディスクが**極端に**遅いことです。通常、ディスクとRAMの間でデータを移動するには、**100万**（million）CPUサイクル、要するに1ミリ秒[†13]かかります。ディスクからのデータ取得は十分に高速だと思うかもしれませんが、RAMは1,000CPUサイクルしかかからず、ディスクは100万CPUサイクルかかることを思い出してください。RAMメモリは**第1次メモリ**（primary memory）と呼ばれ、ディスクに格納されたプログラムおよびデータは**第2次メモリ**（secondary memory）にあると言われることがあります。

CPUは第2次メモリに直接アクセスできません。実行前に、第2次メモリに格納されたプログラムを、第1次メモリにコピーする必要があります。実際には、コンピュータを起動するたびに、オペレーティングシステムで**すら**、CPUが実行する前にディスクからRAMにコピーする必要があります。

●決してRAMを使い尽くしてはならない

通常の活用で、コンピュータが処理するすべてのデータとプログラムが収まり得るRAMの大きさを確保することは重要です。RAMが不足する場合、コンピュータはディスクとRAMの間で常にデータを転送する必要が生じます。この操作は**非常**に遅いので、コンピュータの性能が**著しく**低下し、実用レベルから外れます。こうした状況下では、コンピュータは、実際の計算より、データ移動に多くの時間を浪費してしまいます。

コンピュータが常にディスクからRAMにデータを取り込んでいる状態を**スラッシング状態**（thrashing mode）にあると言います。サーバーがRAMから溢れてしまうものを処理し始めると、サーバー自体がクラッシュする可能性があるため、サーバーは常に監視する必要があります。これは銀行とかキャッシュレジスタで長い行列ができる原因です。対処する係員ができることは知れているので、スラッシング状態のコンピュータシステムを責めるのが関の山です。RAMの不足はサーバーの障害の根本原因の1つだと思われます。

外部および第3次の記憶装置

記憶階層をさらに掘り進みましょう。ネットワークに接続されている場合、コンピュータはローカルネットワークまたはインターネット上（いわゆる**クラウドの**

† 13　通常の写真の露出時間（光にさらされる時間）は約4ミリ秒です。

中）で、別のコンピュータが管理するメモリにアクセスできます。しかし、これにはもっと時間がかかります。手元のディスクからの読み出しには1ミリ秒かかりますが、ネットワークからのデータ取得には数百ミリ秒かかります。ネットワークパケット（ある大きさのデータ）が、あるコンピュータから別のコンピュータに移動するのに約10ミリ秒かかります。ネットワークパケットがインターネットを経由する場合、目のまばたきの時間と同じ2〜300ミリ秒と、より長い時間をかけて移動します。

記憶階層の最下部は**第３次記憶装置**（tertiary storage）です。第3次記憶装置は必ずしも常にオンラインで利用可能である必要はありません。磁気テープカートリッジあるいはCDに数万TB（数十PB）のデータを廉価で保管することができます。しかし、これらメディアのデータにアクセスするには、誰かがメディアを取り出して、読み取り装置に挿入しなければなりません。これは数分または数日かかることがあります[†14]。第3次記憶装置は滅多にアクセスする必要のないデータを保管する場合にのみ適しています。

メモリ技術の動向

記憶階層の最上位に位置する「速い」メモリの技術を大幅に改善することは難しいのですが、これに対して「遅い」メモリは値下がりし、速度も上がってきています。ハードディスク記憶装置は数十年間に渡って値下がりし続け、この傾向は今後も継続すると思われます。

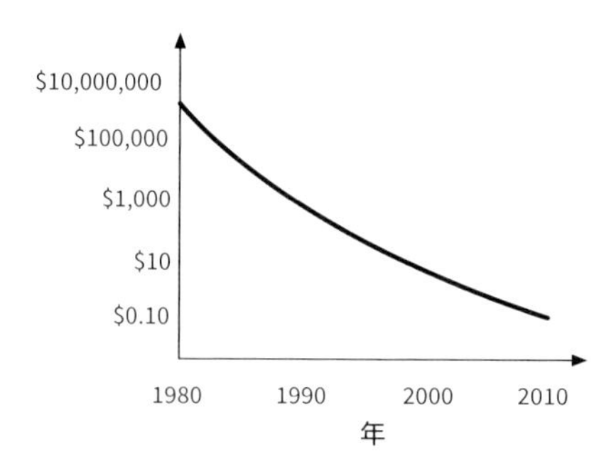

図7-13：ディスク記憶装置のGBあたりの値段

---

†14　試しに、金曜日の夜に磁気テープのバックアップをIT部門に依頼してみてください。

新しい技術によりディスクの速度も向上しています。最近は、磁気回転ディスクからSSD（Solid State Drive：ソリッドステートドライブ）への移行が行われています。SSDでは、可動部品を取り除くことによって、速度を上げ、信頼性を高め、電力消費量を減らすことを実現しています。

SSD技術を搭載したディスクも日々、値下がりし、速度も上がってきていますが、まだ安価ではありません。SSDと磁気の両技術を搭載したハイブリッドディスクを製造するメーカーもあります。ハイブリッドドライブでは、アクセス頻度が高いデータはSSDに格納され、アクセス頻度の低いデータは低速の磁気ディスクに格納されます。さらに、アクセス頻度の低いデータが頻繁にアクセスされると、高速のSSDにコピーされます。この仕組みは、CPUが内部キャッシュによって、RAMアクセスの実効速度を高めるトリックに似ています。

まとめ

本章では、コンピュータがどのように動作するかということに関する基礎の部分を取り扱いました。計算可能であれば**何でも**最終的には単純命令で表現できることを学び、次に難しい計算命令をCPUが実行できる単純命令に翻訳する、コンパイラと呼ばれるプログラムの存在を知りました。コンピュータは、CPUが大量の基本演算を実行できるので、難しい計算であっても簡単に実行できます。

コンピュータには高速のプロセッサが搭載されていますが、メモリは比較的低速です。しかし、メモリアクセスはランダムに行われることは稀で、空間的および時間的局所性に従ってアクセスされます。この特性によって、アクセス頻度が高いメモリデータを高速メモリでキャッシュすることができます。この仕組みはL1キャッシュから第3次記憶装置までの各レベルのキャッシュに使われています。

本章で示したキャッシュの仕組みはさまざまな利用環境下で活用できます。アプリケーションで頻繁に使われるデータの箇所を特定し、このデータのアクセスを高速にすることは、コンピュータプログラムを高速に実行するためによく使われる戦略の1つです。

参考文献

- Andrew S. Tanenbaum, Todd Austin, “Structured computer organization 6th Ed”, Pearson Education, 2013
  - 『構造化コンピュータ構成：デジタルロジックからアセンブリ言語まで　第4版』、Andrew S. Tanenbaum/Todd Austin＝著、長尾高弘＝訳、ピアソン・エデュケーション 2000年［絶版］
- Andrew W. Appel, Maia Ginsburg, “Modern compiler implementation in C”, Cambridge University Press, 1997

CHAPTER 8

プログラミング

誰かが「私がしたいことだけ書けばいいプログラミング言語が欲しいのだが」と言うのであれば、彼にはペロペロキャンディでもあげとけばいいだろう。

― アラン・パリス

私たちは、私たちの思いをコンピュータに理解して欲しいと願っています。だから、コンピュータが理解できる言語であるプログラミング言語を使って指示を記述します。プログラマを雇うか、SF映画の登場人物でもなければ、コンピュータにシェークスピア風の英語で何をしてほしいかを伝えることはできません。現時点では、コンピュータに何をしてほしいかを自由に指図できるのはプログラマだけです。プログラミング言語の知識が深まるに従って、プログラマとして成長できるでしょう。本章では次のことを学びます。

- 秘 プログラムを統治する秘密の**言語学**（linguistic）を標的に定める。
- x 宝玉の情報を**変数**（variable）に格納する。
- 各種の**パラダイム**（paradigm）で解決を思案する。

本章では、コンピュータサイエンスの文法論とか意味論までは扱いませんので、気軽に読んでください。

8.1 言語学

現存するプログラミング言語はさまざまありますが、あらゆるプログラミング言語は情報を操作することのために存在しています。プログラミング言語は情報を操作するために3種類の基本構成要素を準備しています。**値**（value）は情報を表します。**式**（expression）は値を生成します。**文**（statement）はコンピュータに命令を指示するために値を使います。

値

値が表現できる情報の種類はプログラミング言語によってさまざまです。黎明期の言語は、値は整数、浮動小数点数[†1]などの基本的な情報のみを表現できました。言語の成長に従い、値としての文字、次に文字列を扱い始めます。C言語は低水準言語ですが、構造体を定義し、複数の値から構成される値を定義することができます。たとえば、緯度と経度という2つの浮動小数点数から構成される「座標」という値の型を定義できます。

プログラミング言語において、値は極めて重要ですから「第一級市民（first-class citizen)」としても扱われます。言語は値に対してあらゆる種類の操作を許します。値は、実行時に作成でき、引数として関数へ渡すことも、関数から返すこともできます。

式

値を作成するには、**リテラル**（literal：文字）で書くか、**関数**（function）を呼び出すかのどちらかを行います。次にリテラルでの表現例を示します。

```
3
```

じゃーん！ `3`と書くことによって文字通り、値の3を作成しました。極めて簡単です。別の種類の値もリテラルで作成できます。ほとんどのプログラミング言語では、`hello world`と記述することで、文字列値の「hello world」を作成できます。これに対して、関数は、別の場所にプログラムコードとして書かれたメソッドあるいは手続きに従って値を生成します。例をあげます。

```
getPacificTime()
```

---

†1　浮動小数点は、小数点のある数値を表す手法として一般的です。

この式はロサンゼルスの現在の時刻と等しい値を作成します。現在午前4時であれば、このメソッドは4を返します。

すべてのプログラミング言語に存在するもう1つの基本要素は**演算子**(operator)です。演算子は、単純式を結合して複合式を構成することができます。たとえば、+演算子を使って、ニューヨークの時刻と等しい値を作成できます。

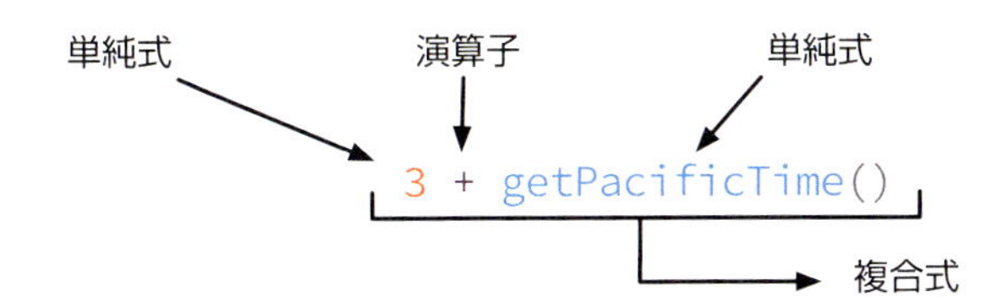

ロサンゼルスが午前4時であれば、この式は7を算出します。実際、式というものは、コンピュータが単一の値にまで計算できるように書いたものです。大きい式を演算子によって別の式と結合することができ、さらに大きい式を構成することができます。最終的には、式はどれだけ複雑であっても常に単一の値にまで評価できる必要があります。

式はリテラル、演算子、関数とともに丸括弧を使うことができます。丸括弧を使えば、**演算子の優先順位** (operator precedence) を制御できます。$(2+4)^2$は6^2であり、最後は36と評価されます。丸括弧がなければ$2+4^2$となり、これは$2+16$で、最後は18と評価されます。

文

値を表現するために式を使うのに対して、文はコンピュータに何か**する**ことを指示するために使われます。たとえば、「`print(hello world)`」という文はメッセージ表示を行います。

このほかの文の例としてはif文、while文、for文が一般的です。各種のプログラミング言語は各種の文を準備しています。

図8-1：http://geek-and-poke.comより

●**定義**

いくつかのプログラミング言語には**定義**（definition）と呼ばれる特殊な文があります。定義は、新しい値あるいは関数のように、新しい実体を追加してプログラムの状態を変更します[†2]。定義した実体を参照するために、実体には名前を付ける必要があります。このことを**名前束縛**（name binding）と呼びます。たとえば、getPacificTimeという名前はどこかにある関数定義に束縛される必要があります。

8.2 変数

変数は、名前と値の間の名前束縛であり、名前束縛として最も重要です。変数は、値が格納されているメモリアドレスに名前を結び付けた、いわゆる「別名（alias)」として機能します。ほとんどの場合、変数は代入演算子を使って作成されます。本書の擬似コードでは代入は次のように←で書かれています。

```
pi ← 3.142
```

†2 場合によっては、あらかじめ準備された外部ライブラリから実体を取り込むこともできます。

ほとんどのプログラミング言語では、代入は=で書かれます。いくつかの言語では、変数を定義する前に、名前を変数として**宣言**しなければなりません。次に例を示します。

```
var pi
pi = 3.142
```

この文はメモリブロックを予約し、値3.142を書き込み、メモリブロックのアドレスに「pi」という名前を付けます。

変数の型付け

ほとんどのプログラミング言語では、変数に、整数、浮動小数点数、文字列といった型を割り当てる必要があります。これによってプログラムは変数のメモリブロックから読み出した1と0をどのように解釈すべきかを認識します。これは、変数を操作するときに生じるエラーの発見に役立ちます。ある変数が「文字列（string）」型で、もう1つの変数が「整数」型のとき、両変数の合計を計算する意味はありません。

型チェックの実行には、静的あるいは動的の2種類があります。静的型チェックでは、プログラマはすべての変数の型を、使う前に宣言する必要があります。たとえば、C/C++などのプログラミング言語では次のように書きます。

```
float pi;
pi = 3.142;
```

これは、piという名前の変数は浮動小数点数を表すデータしか格納できないことを宣言しています。静的型付け言語は、コンパイル時にソースコードを最適化するための特殊な処理を行い、またプログラムを実行する前に潜在するバグを検出することができます。しかし、変数を使うたびに型を宣言するのにうんざりすることもあるでしょう。

いくつかの言語は型を動的にチェックすることを選びました。動的型チェックでは、変数に任意の型の値を格納できるため、型宣言は必要ありません。しかし、プログラムの実行時に、変数の操作が行われる際、型チェックが実行され、変数間の操作がすべて意味をなすことを保証します。

変数の有効範囲

すべての名前束縛がプログラムの全域に渡って有効だとすれば、プログラミングは非常に困難になります。プログラムが大きければ、`time`（時間）、`length`（長さ）、`speed`（速度）などの同じ変数名がプログラムのあちこちに登場する恐れがあるからです。

たとえば、プログラムの2箇所に「`length`」変数を気付かずに定義してしまうと、これはバグを生み出してしまうでしょう。さらに悪いことに、「`length`」変数を使っているライブラリを取り込んでしまうと、自分のプログラムの`length`と、ライブラリの`length`と衝突してしまいます。

この衝突を避けるために、通常、名前束縛はソースコード全域には渡りません。変数の**有効範囲**（scope）は、その変数がどこで有効に使用できるかを定義します。ほとんどの言語において、変数は定義された関数の内側だけで有効であるように設定されています。

現在の**コンテキスト**（context）または**環境**（environment）とは、プログラムの所定の箇所で使用可能な名前束縛の集合のことです。通常、あるコンテキストの内側で定義された変数は、実行の流れがそのコンテキストから離れると、即座に削除され、コンピュータのメモリから解放されます。推奨されていませんが、この規則を回避して、プログラムの **どこ**からでも常にアクセスできる変数を作成することもできます。これらは**グローバル変数**（global variable）と呼ばれます。

どこからでも使用できるすべての名前の集合は、プログラムの**名前空間**（namespace）に集約されます。プログラムの名前空間に気を配り、これらをできるだけ小規模にしなければなりません。規模の大きな名前空間は名前の衝突を容易に引き起こします。

プログラムの名前空間に、新たに名前を足す際にも、追加する名前の数を最小限にしてください。たとえば、外部モジュールを取り込むときには、使う関数の名前だけを追加します。優れたモジュールとは、わずかな名前だけを名前空間に追加するように利用者に強いるのが理想です。名前空間に必要のない名前を追加すると、**名前空間汚染**（namespace pollution）として知られる問題が生じます。

8.3 パラダイム

パラダイム（paradigm）とは、科学分野を定める概念と実践の特定の集まりです。パラダイムは、問題への取り組み方と、使用するテクニックと解法の構造を導きます。たとえば、ニュートン力学と相対性理論は同じ物理学でも別のパラダイムです。

プログラミングでも物理でも、問題に対する取り組みは、考察するパラダイムによって根幹から変わります。**プログラミングパラダイム**はプログラミング領域での視点であり、コーディングスタイルとテクニックを指します。

プログラムでは、単独あるいは複数のパラダイムを使うことができます。使用するプログラミング言語が基盤とするパラダイムを使うことが最善です。1940年代の最初のコンピュータでは、コンピュータのメモリに1と0を設定するスイッチを、手動でオンオフすることでプログラミングしました。プログラミングは発展を続け、新しいパラダイムが登場し、プログラミングの効率と複雑さと速度を改善しました。

プログラミングパラダイムでは、命令型、宣言型、論理型という三種類が代表的です。不幸にも、ほとんどのプログラマは最初のパラダイムだけを使い、どうすれば適切に機能するかを学ぶだけです。プログラミング言語ごとに提供される機能と機会からの恩恵を受けるため、三種類すべてを学ぶことは重要です。知識があれば、最大限の効果のもとでプログラミングをすることができます。

命令型プログラミング

命令型プログラミングのパラダイム（imperative programming paradigm）は、特定の命令を使用して、各段階で厳密に何をするのかをコンピュータに指示するものです。各命令はコンピュータの状態を変更します。プログラムを構成する命令は順番に並べられます。

これが最初のプログラミングパラダイムです。このパラダイムの長所はコンピュータの動作を自然に拡張していることです。計算は、常に、順番に評価されるCPU命令によって実行されます。最終的に、すべてのプログラムは、このパラダイムの下、コンピュータによって実行されます。

命令型プログラミングは、最も広く知られているパラダイムです。実際、多くのプログラマは唯一このパラダイムだけに慣れています。このパラダイムは人間の働きを自然に拡張したものであり、料理手順や自動車修理手順などの日常の手順を表現するために、このパラダイムを使います。単純作業を怠けたいときは、これらの命令をプログラミングすれば、コンピュータが代わりに働いてくれます。多数の重要事項の発端はプログラマの怠惰からです。

図8-2：一般問題（http://xkcd.comより）

●機械語プログラミング

初期のプログラマは、コンピュータに1と0を手動で打ち込み、プログラムを行わなければなりませんでした。彼らも怠け者だったため、「copy（コピー）」命令のための`CP`、「move（移動）」命令のための`MOV`、「compare（比較）」命令のための`CMP`など、簡略記憶（ニーモニック）を使ってCPU命令を書いたほうが楽しいだろうと判断しました。次に、これらの簡略記憶プログラムから等価の2進数に変換するプログラムを作成し、これをコンピュータで実行することに成功しました。**アセンブリ**（Assembly）言語、別名**ASM**の誕生です。

これらのニーモニックを使って書かれたプログラムは、同じ意味の1と0の列より数段読み易くなりました。この黎明期のニーモニックとこのプログラミングスタイルは、今日でもどちらもまだ広く使われています。現代のCPUでは、難しい複雑な命令に対処するため、多くのニーモニックが作成されましたが、基本の仕組みは同じです。

ASMは、電子レンジとか車載コンピュータシステムといったシステムのプログラミングで使われます。このプログラミングスタイルは、CPUサイクル数を節約することが重要で、極めて高い性能が必要とされる箇所でも使われます。

たとえば、高性能のWebサーバーの効率を上げようとしていて、厳しいボトルネックに遭遇したとします。このボトルネックの解決にASMのプログラムを援用することができるのです。多くの場合、命令数を減らすようにプログラムコードを修正します。低水準のプログラミング言語は、プログラミング言語の通常のソースコードに、こうした細かい修正を実装するための機械語コードを書き足すことができる機能が準備されています。プログラムを実行する際にCPUが実際に行っていることは、機械語コードで書いても必ず再現できます。

●構造型プログラミング

黎明期のプログラムはGOTO命令を使って実行の流れを制御していました。GOTO命令を実行すると、プログラムコードの別の部分にジャンプします。プログラムの複雑さが増すにつれて、プログラムが何をしているのかを理解することは不可能に近い状態に陥りました。各種の実行の流れがGOTO命令とJUMP命令で複雑に絡みあってしまった状態です。この状態は**スパゲッティコード**として知られています[†3]。1968年にダイクストラは「GOTO文は有害とみなされる」という名高い声明を出し、革命を起こしました。プログラムコードは論理的に分けられ、即興のGOTOの代わりに、プログラマは制御構造（`if`、`else`、`while`、`for`など）を使い始めました。これにより、プログラムの作成とデバッグの難易度は一気に下がりました。

●手続き型プログラミング

プログラミング技術の次の進歩は手続き型プログラミングでした。手続き型プログラミングでは、プログラムコードを**手続き**（procedure）として整理することで、プログラムコードの複製を回避し、プログラムコードの再利用性を上げることができます。たとえば、メートル法の長さを米国慣用単位（ヤードポンド法）に変換する関数を作成しておけば、必要に応じて同じプログラムコードを呼び出して再利用することができます。この機能は、プログラミングをさらに改善しました。手続き型を使うことで、さらに簡単に、関連するプログラムコードをまとめ、論理的に別々に分けることができるようになったのです。

---

†3　誰かのソースコードを罵りたいときは、「スパゲッティコード！」と呼びましょう。

宣言型プログラミング

宣言型プログラミングのパラダイム（declarative programming paradigm）では、目的に到達するためのすべての手順を事細かに示さなくとも、期待する結果だけを宣言できます。この宣言とは、**何を**期待しているかであって、**どのように**したいのかではありません。さまざまに想定される使用環境下では、このほうが遥かに単純で短いプログラムが出来上がり、プログラムの可読性も高まります。

●関数型プログラミング

関数型プログラミングのパラダイムでは、関数は、数式のように複数の要素間のリレーションシップを宣言するなど、手続き以上の役目を果たします。関数は、関数型パラダイムの第一級市民であり、文字列、数値といった基本データ型と同様に扱われます。

関数は引数として別の関数を受け取り、関数を戻り値として返すことができます。これらの機能を有する関数は、より豊かにプログラム表現ができる、**高階関数**（higher-order function）として知られています。昨今のプログラミング言語の多くは関数型パラダイムからこの要素を取り込んでいますので、このプログラム表現の豊かさをできる限り活用すべきです。

たとえば、ほとんどの関数型プログラミング言語には、汎用sort関数が準備されています。sort関数は要素を任意の順序にソートします。sort関数はソート処理で要素をどのように比較するかを定義した関数を引数として受け取ります。たとえば、coordinates（座標）変数は地理的位置のリストを持ち、closer_to_home関数は受け取った2地点に対して、我が家に近いのはどちらかを返すとします。次のように書けば、我が家に近い順に位置のリストをソートすることができます。

```
sort(coordinates, closer_to_home)
```

高階関数はデータをフィルタリングするためも使われます。関数型プログラミング言語は、フィルタリング対象と、各要素を残すかどうかを決定するフィルタを担当する関数を受け取る、汎用の**フィルタ**（filter）関数を提供しています。たとえば、リストから偶数を取り除くには次のように書きます。

```
odd_numbers ← filter(numbers, number_is_odd)
```

number_is_oddがフィルタを担当する関数で、この関数は数値を1つ受け取り、それが奇数の場合はTrueを返し、そうでない場合はFalseを返す関数です。

プログラミングの際に生じる、もう1つの特別な作業として、リストのすべての要素に対して、特殊関数を適用することがあげられます。関数型プログラミングでは、この処理を**マッピング**（mapping：対応付け）と呼びます。多くの場合、各プログラミング言語には、この作業のために**マップ**（map）関数があらかじめ準備されています。たとえば、リストのすべての数値の2乗を計算するには、次のように書きます。

```
squared_numbers ← map(numbers, square)
```

squareは引数の数値の2乗を返す関数です。mapもfilterも非常に頻繁に使われるため、多くのプログラミング言語では、これらの式を簡単に書ける構文を準備しています。たとえば、Pythonでは、次のようにしてリストの数値の2乗を計算します。

```
squared_numbers = [x**2 for x in numbers]
```

こういった式を簡単に短く書けるようにと追加された構文は、**糖衣構文**(syntactic sugar)と呼ばれています。多くのプログラミング言語では、いくつかの糖衣構文が準備されていますので、これらを活用してください。

最後に、値のリストを処理し、単一の結果を生成する必要があるときはreduce関数を使います。引数として、リスト、初期値、集約を担当する関数を受け取ります。初期値は「計算結果」変数の初期値に設定されます。この変数は、リストのすべての要素に対する集約を担当する関数の結果で更新され、最後に戻り値として返されます。

```
function reduce(list, initial_val, func)
    accumulator ← initial_val
    for item in list
        accumulator ← func(accumulator, item)
    return accumulator
```

たとえば、reduceを使い、リストの要素の総和を計算することができます。sumが集約を担当する関数で、この場合は数値を2つ受け取り、和を返します。

```
sum ← function(a, b): a + b
summed_numbers ← reduce(numbers, 0, sum)
```

reduceを使うと、プログラムコードを単純にできて、可読性が高まります。もう1つの例を取り上げましょう。sentencesは文のリストです。この文の単語の総数をカウントする場合は、次のように書くことができます。

```
wsum ← function(a, b): a + length(split(b))
number_of_words ← reduce(sentences, 0, wsum)
```

split関数は文字列を単語のリストに分割し、length関数はリストの要素数をカウントします。

高階関数は引数として関数を受け取る以外に、戻り値として新しい関数を生成することもできます。高階関数は、戻り値として生成する関数の中に、値への参照を**閉包**することもできます。これを**クロージャ**（closure：閉包）と呼びます。クロージャを有する関数は何かものを「記憶」し、閉包された値の環境へアクセスすることができます。

クロージャを使って、複数の引数を取る関数の実行を、いくつかの段階に分割できます。これを**カリー状態**あるいは**カリー化**（currying）と呼びます。たとえば、このようなsum関数があるとします。

```
sum ← function(a, b): a + b
```

sum関数は引数を2つ期待していますが、1つの引数だけで呼び出すこともできます。sum(3)という式は数値ではなく、新しい**カリー状態**の関数を返します。この関数を呼び出すと、3を第1引数にしてsumを呼び出します。値3の参照はカリー状態の関数で閉包されています。例をあげます。

```
sum_three ← sum(3)
print sum_three(1)  # 4と表示

special_sum ← sum(get_number())
print special_sum(1)  # get_number() + 1と表示
```

special_sum関数を作成する際に、get_numberは呼び出されることも、評価されることもないという点に留意してください。get_numberへの参照はspecial_sumに閉包されます。get_number関数はspecial_sum関数を評価するときにのみ、呼び出されます。これは**遅延評価**（lazy evaluation）と呼ばれ、関数型プログラミング言語における特に重要な性質です。

クロージャは、テンプレートに従って複数の関連する関数を生成することにも使われます。関数テンプレートを使うと、プログラムコードの可読性を高め、また重複を避けることができます。例を示します。

```
function power_generator(base)
    function power(x)
        return power(x, base)
    return power
```

このpower_generatorを使って、次のように各種の関数を生成することができます。

```
square ← power_generator(2)
print square(2)  # 4と表示

cube ← power_generator(3)
print cube(2)  # 8と表示
```

生成されたsquare関数とcube関数はbase変数の値を保持していることに留意してください。返される関数がpower_generator関数から独立しているとしても、この変数はpower_generatorの環境内にのみ存在しています。クロージャは自身の環境の**外側**にある変数にアクセスできる関数です。

クロージャは、関数の内部状態を管理するために使われることもあります。ここで、渡した数値すべての総和を計算する関数が必要だとします。手段の1つはグローバル変数を使うことです。

```
GLOBAL_COUNT ← 0
function add(x)
    GLOBAL_COUNT ← GLOBAL_COUNT + x
    return GLOBAL_COUNT
```

すでに示したように、グローバル変数はプログラムの名前空間を汚染するので、避けるに越したことはありません。計算結果の変数nへの参照を閉包するクロージャを使うと、汚染することなしに行うことができます。

```
function make_adder()
    n ← 0
    function adder(x)
        n ← x + n
        return n
    return adder
```

これにより、グローバル変数なしで、各種の加算器を作成できます。

```
my_adder ← make_adder()
print my_adder(5) # 5と表示
print my_adder(2) # 7と表示 (5 + 2)
print my_adder(3) # 10と表示 (5 + 2 + 3)
```

●パターンマッチング

関数型プログラミングでは、算数の問題も扱えます。算数では、関数が数値引数に従ってどのような挙動をとるかを記述できます。階乗関数の数値引数のパターンを確認しましょう。

$$
\begin{aligned}
0! &= 1, \\
n! &= n \times (n-1)!
\end{aligned}
$$

関数型プログラミングではパターンマッチング（パターンを認識する手続き）が許されています。算数の関数に相当するものを次のように書くことができます。

```
factorial(0): 1
factorial(n): n × factorial(n - 1)
```

これに対して、命令型プログラミングでは、次のように書く必要がありました。

```
function factorial(n)
    if n = 0
        return 1
    else
        return n × factorial(n - 1)
```

どちらが一目瞭然でしょうか。できるだけ関数型のほうを使いたいものです。いくつかのプログラミング言語は、厳密に関数型です。すべてのプログラムコードは純粋に数学の関数と同等です。これらの言語は時間とは無関係で、プログラムコードの文の順序はプログラムコードの振る舞いには関係がありません。また、これらの言語では、変数に割り当てられたすべての値は不変値です。このことを**単一代入**（single assignment）と呼んでいます。プログラムには状態がないので変数が変更される時点がありません。厳しい関数型パラダイムでの計算処理は単に関数とマッチングパターンを評価することに過ぎません。

論理型プログラミング

問題の解が論理式であるときはいつでも**論理型プログラミング**（logic programming）を使うことができます。プログラマは「1.2　論理」で取り上げた類の状態を論理型のアサーション（表明）で表現します。次に、提供されたモデルから回答を探し出すためにクエリが実行されます。コンピュータが論理変数とクエリの解釈を担当します。また、アサーションから解空間を構築し、これらすべてを満足するクエリ解を探索します。

論理型プログラミングのパラダイムにおける最大の強みは、プログラミング自体を最小限に留められることです。実際、このパラダイムでは、文、クエリのみをコンピュータに提示し、一方、コンピュータは解空間を探索し、結果を提示する最善の手段を探し出すことを担当します。

このパラダイムは世間一般ではあまり使われていませんが、人工知能、自然言語処理に関する仕事に取り掛かる可能性があれば、これらのことも勉強するといいでしょう。

まとめ

コンピュータプログラミングのテクニックが発展するに従って、新しいプログラミングパラダイムが現れます。パラダイムはコンピュータプログラムが表現に富み、また優雅であることを善しとしました。各種のプログラミングパラダイムを知れば知るほど、優れたプログラミングを行うことができます。

本章では、プログラミングが、コンピュータメモリに対して0と1を直接打ち込んでいた時代から、アセンブリコードを書くまで発展してきた歴史を振り返りました。次に繰り返しなどの制御構造と変数の確立によって、プログラミングの難易度を下げ、さらに関数を使ってプログラムを整理する手法を確認しました。

たくさんのプログラミング言語で使われている、宣言型プログラミングにおけるパラダイムの要素を示し、最後に、論理型プログラミングにも触れました。論理型プログラミングは、非常に限られた領域での仕事で推奨されるパラダイムです。

これで皆さんはあらゆる新しいプログラミング言語に取り組める段階にあるはずです。すべての言語には何かの特徴があります。一歩踏み出し、プログラミングを楽しんでください。

参考文献

- Daniel P. Friedman, Mitchell Wand, “Essentials of Programming Languages 3rd Ed”, MIT Press, 2008
- Steve McConnell, “Code complete 2nd Ed”,Microsoft Press, 2004
  - 『Code complete：完全なプログラミングを目指して 第2版（上・下）』、Steve McConnell＝著、株式会社クイープ＝訳、日経BPソフトプレス　2005年

CHAPTER 9

おわりに

ブラシと顔料の研究によって、誰かをプロの塗装工にできるわけではないのと同様に、コンピュータサイエンス教育が誰かをプロのプログラマにできたりはしない。
— エリック・S・レイモンド

本書は、コンピュータサイエンスの要点をとても簡易に著しました。これらは優れたプログラマであれば知っているべきコンピュータサイエンスに関する最小限の知識です。

皆さんが興味に応じてこれらの新しい知識を深掘りして学んでくれることを願っています。このためもあって、各章の終わりには最善の参考書を掲載しました。

本書では、コンピュータサイエンスのいくつかの要点が欠けています。インターネットという地球全域を網羅するネットワークのコンピュータはどのようにして信頼性の高い通信を実現しているのでしょうか。高速に計算問題を解くためは、複数のプロセッサをどのように同期して働かすといいでしょうか。プログラミングパラダイムとしてはオブジェクト指向プログラミングも重要です。本書では、これらのトピックは取り上げていません。次作では、この欠けている部分を取り上げたいと思っています。

また、本書で解説したことを十分に理解するには、実際にプログラムを書く必要がありますが、これはよいことです。プログラミング言語を使って計算機の基本的な動作が、どのように実現されているかを学ぼうとすると、最初は、骨折り損で退屈だと感じるかもしれません。しかし、基礎を学ぶことが、**素晴らしい**果実に結び付くことは約束できます。ですから、まずは舞台に立ち、プログラムを書きましょう。

本書は私にとって、平易なコンピュータサイエンスの書籍を執筆するという初めての試みでした。この取り組みがどれだけうまくいったかはわかりません。皆さんの本書に関するご意見は、私にとってとても貴重です。何がよかったか、どこで混乱したか、どのように改善できると思ったかなどを`hi@code.energy`までお送りください。

附録

I　記数法

情報は数値で表現できるため、その処理は数値の演算として扱うことができます。文字は数値に対応付けることで、テキストも数値で書くことができます。色は赤緑青（Red、Green、Blue）の光の強さで示すことができるので、やはり数値として表現できます。画像は色付きの正方形をドットマトリクス状に構成することができるので、これも数値で表現できます。

古代の記数法（たとえば、ローマ数字：I、II、III、…）は、数字の合計から数値を構成します。現在使われている記数法も各桁の数字の合計に基づいていますが、位置iの各桁の値にはdのi乗を掛けます。dは記数法の基準を示す数で、**基数**（base）と呼ばれます。私たちの手には10本の指があるので、通常は$d=10$ですが、この記数法は各種の基数dで動作します。

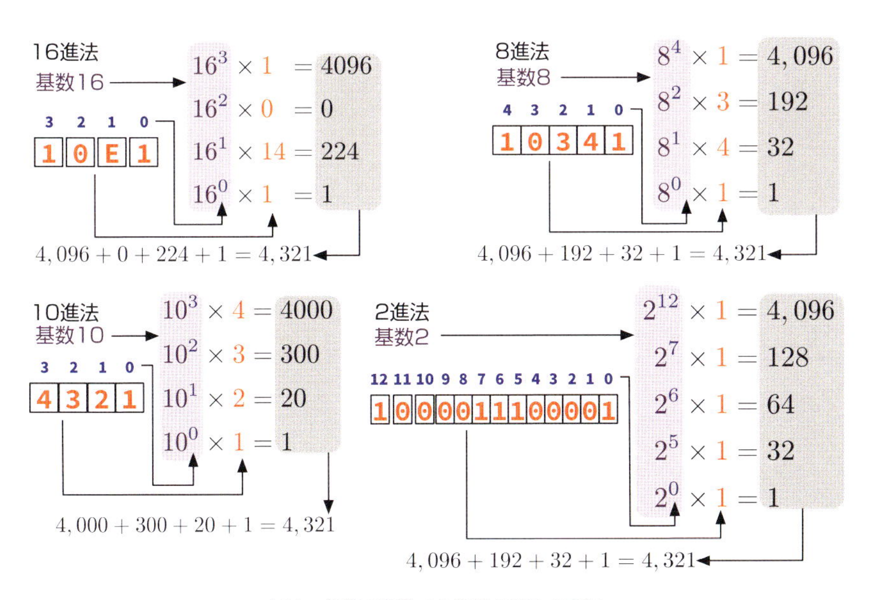

図A：各種の基数での数値4,321の表現

II　ガウスの逸話

この逸話は、ガウスが小学校の教師から1から100までの数値をすべて足す課題が出されたところから始まります。ガウスは数分で5,050と回答し、教師を驚かしました。彼は各数値を倍にし、順序を並べ直し、計算を簡単にしたのです。

$$
\begin{aligned}
2 \times \sum_{i=1}^{100} i &= (1+2+\cdots+99+100)+(1+2+\cdots+99+100) \\
&= \underbrace{(1+100)+(2+99)+\cdots+(99+2)+(100+1)}_{100\text{組}} \\
&= \underbrace{101+101+\cdots+101+101}_{100\text{回}} \\
&= 10,100.
\end{aligned}
$$

これを2で割ると5,050という解答が得られます。数値の並べ直しを数式で表現すれば、$\sum_{i=1}^{n} i = \sum_{i=1}^{n}(n+1-i)$であるため、2倍の式は次のように整理できます。

$$
\begin{aligned}
2 \times \sum_{i=1}^{n} i &= \sum_{i=1}^{n} i + \sum_{i=1}^{n}(n+1-i) \\
&= \sum_{i=1}^{n}(i+n+1-i) \\
&= \sum_{i=1}^{n}(n+1)
\end{aligned}
$$

最後の行にはiがないので、この式は$(n+1)$を単純にn回繰り返してます。

$$
\boxed{\sum_{i=1}^{n} i = \frac{n(n+1)}{2}}
$$

III　集合

集合（set）は、複数の要素（オブジェクト）が集まったものを指します。たとえば、サルの絵文字の集合をSと呼ぶことができます。

$S = \{$🐵,🙈,🙉,🙊$\}$

部分集合

ある集合の内側に存在するオブジェクトの集合は**部分集合**（subset）と呼ばれます。たとえば、手と目が描かれたサルは$S_1 = \{$🙉,🙊$\}$で、このS_1のすべてのサルはSの内側であり、$S_1 \subset S$と書きます。手と口が描かれたサルは別の部分集合$S_2 = \{$🙈,🙉$\}$にまとめることもできます。

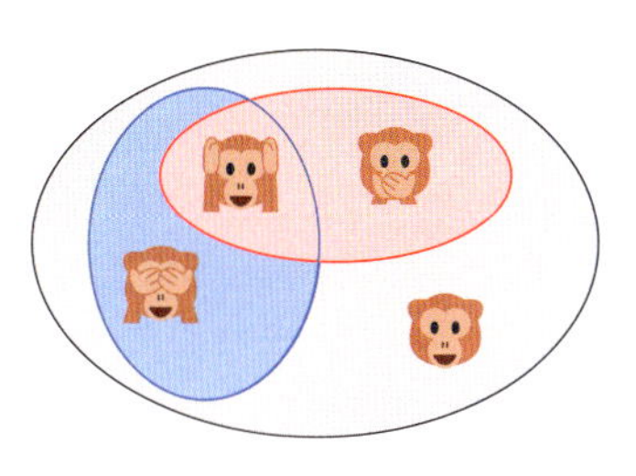

図B：S_1とS_2はSの部分集合

●和

S_1あるいはS_2のどちらかの集合に属しているサルは$S_3 = \{$🙈,🙉,🙊$\}$のサルです。この新しい集合は、先の2つの集合の**和**（union）と呼ばれ、$S_3 = S_1 \cup S_2$と書きます。

●積

S_1およびS_2の両集合に属しているサルは$S_4 = \{$🙉$\}$のサルです。この新しい集合は先の2つの集合の**積**（intersection）と呼ばれ、$S_4 = S_1 \cap S_2$と書きます。

●べき集合

S_3とS_4はどちらもSの部分集合です。また、$S_5 = S$と空の集合$S_6 = \{\}$もSの部分集合と解釈できます。つまり、集合Sには$2^4 = 16$の種類の部分集合があり、これらの部分集合をすべてオブジェクトとして、集合にまとめることもできます。Sのすべての部分集合の集まりのことをSの**べき集合**（power set）と呼びます。

$$P_S = \{S_1, S_2, \ldots, S_{16}\}$$

IV　カーデンのアルゴリズム

「3.3　総当たり攻撃」では以下のような最適取引問題を取り上げました。

最善取引問題

ある期間、金の相場を監視し、ある日に金を買い、別の日に売り、可能な最高利得を得たいと思っています。

この問題を$\mathcal{O}(n)$時間と$\mathcal{O}(n)$空間で解くアルゴリズムを「3.7　動的計画法」で示しました。1984年にジェイ・カーデンがこのアルゴリズムを発見した際に、同時に$\mathcal{O}(n)$時間と$\mathcal{O}(1)$空間で解く手法も示しました。

```
function trade_kadane(prices):
    sell_day ← 1
    buy_day ← 1
    best_profit ← 0
    for each s from 2 to prices.length
        if prices[s] < prices[buy_day]
            b ← s
        else
            b ← buy_day
        profit ← prices[s] - prices[b]
        if profit > best_profit
            sell_day ← s
            buy_day ← b
            best_profit ← profit
    return (sell_day, buy_day)
```

対象のすべての日に対して、最善の購入日を保存する必要はありません。保存する必要があるのは、これまでに発見された最善の売却日に対応した最善の購入日だけです。したがって、$\mathcal{O}(1)$空間で済みます。

INDEX

■さ

■た

■な

■は

■ま

■や

■ら

■わ

【監訳者紹介】

●小山裕司（こやま・ひろし）

1998年 東京都立科学技術大学 大学院 博士課程単位取得退学後、国際大学GLOCOM・新興企業・実践女子大学等を経て、2008年 産業技術大学院大学 教授（情報アーキテクチャ専攻）。専門はシステムソフトウェア、情報アーキテクチャ、事業アーキテクチャ。

装丁：山口了児（zuniga）
組版：株式会社シンクス

みんなのコンピュータサイエンス

2019年 1月 15日 初版第1刷発行

著　者	Wladston Ferreira Filho（ウラドストン・フェレイラ・フィルォ）
監　訳	小山 裕司（こやま・ひろし）
発行人	佐々木 幹夫
発行所	株式会社 翔泳社（https://www.shoeisha.co.jp/）
印　刷	公和印刷株式会社
製　本	株式会社 国宝社

本書へのお問い合わせについては、iiページに記載の内容をお読みください。

造本には細心の注意を払っておりますが、万一、乱丁（ページの順序違い）や落丁（ページの抜け）がございましたら、お取り替えします。03-5362-3705までご連絡ください。

ISBN978-4-7981-5481-7　　Printed in Japan